수리수리
집수리

집을 수리하고 삶을 수리하는 건축가
김재관의 집과 사람 이야기

수리수리 집수리

김재관 지음

문학동네

이 책은

집을 수리하는 사람들과

그들이 수리한 집에 관한 이야기다.

차 례

수리입문修理入門

09

"오랜만입니다. 요즘 어찌 지내시는지요?"

"집수리를 합니다."

"집수리? 아니 어쩌다 그런 일을."

길에서 우연히 만난 건축평론가는 내가 집수리업자로 전향한 사실을 모르고 있었다. 하긴 그를 처음 만난 것이 내가 신인 건축가로 데뷔한 건물이 잡지에 발표되었을 무렵이고 이후의 만남도 건축가들의 모임에서였으니 집수리를 하며 산다는 소식은 뜻밖이었을 것이다. 그 즈음 난 첫번째 일감이었던 '율리아네 집수리'를 비롯한 몇 개의 작업을 발표하며 이런 말을 했다.

나는 목수다. 나는 요즘 집수리에 재미를 붙였다. 이 말에서 무언가 촌스러움을 느끼거나 동네에서 흔히 보던 '집수리' 간판을 떠올린다면 내가 말하는 의미와 다르지 않다. 내가 하는 일 역시 여느 집수리 장이처럼 인부들의 숫자를 헤아려 점심밥을 시키고, 삼립빵과 컵라면의 가격 차이를 따져 새참을 준비하고, 내일 사용할 벽돌을 미리 주문하고, 새벽 인력시장에 기별해 젊은 사람이 아니면 되돌려 보내겠다며 눈을 부라리는 일이다.

얼마 전까지 나의 생업은 집을 설계하는 일이었다. 그중에서도 개신교 예배당을 많이 설계했다. 처음 맡은 일은 제주도의 강정교회였는데 그때 내 나이 서른다섯이었다. 재주가 괜찮았는지 옆 동네와 서울에서도 일감이 생겼다. 마지막으로 교회를 설계한 것이 마흔여덟이니 십여 년을 교회 건축가란 타이틀로 살아온 것이다.

요즈음 내 명함에는 건축가 대신 목수라는 직함이 찍혀 있다. 이는 그동안 지향했던 건축가적 삶을 더이상 지속하지 않겠다는 의미로, 내 삶의 경로를 수정한 것이다. 내가 소유한 재능 혹은 자질이라는 유쾌하지 않은 언어를 뼈아프게 수긍할 수밖에 없던 경험과 '내 생각'이라고 부르던 건축에 대한 개념조차 내 몸에서 자란 것이 아님을 깨닫고 내린 결정이다. 그런 각성과 더불어 오랫동안 집중했던 교회 건축에서 더이상 진보적 성과를 얻을 수 없다는 판단도 이와 관계있다. 대개 그렇지만 이념적 동반 없이는 지속이란 낱말을 정직하게 사용하기 어렵다. 그러므로 교회 건축을 통해 성취하려던 시도가 실패한 중요한 이유는 나의 태생적 한계 때문이다. 어떤 사주쟁이의 말마따나 도덕적 관념이 부재한 인간이 종교 건축에서 도달할 수 있는 지점은 이미 정해진 것인지도 모른다.

나는 이 경험을 통해 두 가지 결과를 얻었다. 하나는 자신의 영토라고 믿던 곳에서 소출을 얻지 못한 자의 쓰디쓴 절망이며 또하나는 그것에 상응하는 자유다. 전자가 선택의 결과라면 후자는 보너스였다. 공들인 경작지에서 열매를 맺지 못한다는 것은 슬픈 일이지만, 그런 상실에서 얻은 자각은 그동안 겪어보지 못했던 다른 종류의 행복을 선사했다. 홀가분했고 더러는 섭섭했다. 이런 결정이 스스로의 성찰로 얻은 것이 아니라 수정을 초래한 대상으로부터 비롯했다는 점에서다. 그렇지만 동상처럼 자리했던 건축가적 욕망과 숙주처럼 엉겨 있던 열등감도 함께 사라졌다. 이젠 나보다 월등한 능력을 가진 건축가들 만나도 더이상 실투심이 생기지 않는다. 나는 목수이기 때문이다.

_『스페이스』 2011년 8월호

수리지명修理之名

만약 그날 만난 평론가에게 내가 하는 일을 집수리가 아니라 리모델링이나 리노베이션이라고 말했다면 그때도 '어쩌다'라는 딱한 표정을 지었을까? 집수리는 오래전부터 흔히 사용해온 말이긴 하지만 건축가들의 직능이라기보다는 집에 생기는 사소한 문제를 고치는 일 정도로 인식돼왔고 그나마도 지금은 자주 사용하지 않는 말이다. 그런 의미에서 집수리 대신 리모델링 같은 외래어를 사용했다면 그가 다른 이미지를 연상했을지도 모른다.

오래전 어느 대학교 건축과에서 집수리를 주제로 특강을 했는데, 그때 나와 동행한 그 학교 출신의 직원과 스승이 나눴던 이야기를 들은 적이 있다.

"자네 요즘 무얼 하고 지내나?"

"네, 집수리를 합니다."

"집수리? 자네는 좀더 번듯한 직장에 갔어야 했는데……"

나름으로 아꼈던 제자가 누구나 알 만한 직장에 다니지 않고 집수리를 한다니 스승의 마음이 마뜩지 않았던 것인데 그것은 당사자도 마찬가지였던 것 같다.

"소장님. 집수리라는 말 대신 다른 말을 쓰면 안 될까요? 명절 때 집에 가면 주변 사람들이 묻습니다. 어떤 직장에 다니느냐고요. '집수리를 합니다' 하면 대부분은 또 묻습니다. '집수리라고?' 하면서요. 우리가 하는 집수리는 당신이 생각하는 그런 것과 다르다고 말해도 잘 이해를 못해요. 그런데 '리모델링하는 회사입니다' 하면 더는 안 묻습니다."

'집수리'라는 말에 대한 서로의 정서와 해석이 달랐던 것이다. 내가 '수리修理'가 지닌 한자적 의미를 더듬었다면, 다른 사람들은 망가진 하수도나 정화조, 녹슨 처마, 문설주의 벗겨진 페인트 등을 연상하는 듯하다. 나는 물론 둘 간의 차이를 수정하지는 않는

다. 정화조나 하수도 또한 집의 일부이기 때문이다. 그런데 집수리에 대한 이런 허술한 이미지 때문인지 요즘은 동네 어르신들조차도 이 말을 쓰지 않는다. 그럼 집수리는 틀리고 리모델링은 맞는 말일까? 사실 '재再'로 해석되어 '리re'로 시작되는 어휘는 그것 말고도 많다. 리노베이션re-novation, 리제너레이션re-generation, 리스타일re-style, 리스토레이션re-storation, 리퍼비시먼트re-furbishment, 리폼re-form, 리페어re-pair, 리빌트re-built, 리바이털라이제이션re-vitalization, 리사이클re-cycle, 레노비에룽re-novierung, 리뉴re-new, 리마크re-mark 등도 있으며 요즘은 리디자인re-design, 리유즈re-use도 쓴다.

예전 우리나라에서는 이런 말을 대신한 중수重修, 중건重建, 중창重唱이라는 말을 쓰기도 했지만 민가보다는 궁궐이나 사대부의 집처럼 어느 정도 규모와 형식이 갖춰진 집에서 사용했다. 외국의 경우도 자세히 보면 그 쓰임에 따라 용어의 선택이 다름을 알 수 있다. 가령 리폼은 유행이 지난 것을 다른 용도로 바꿀 때, 리퍼비시먼트는 시대 흐름에 따른 공간의 변화를 지칭할 때 사용되며, 리제너레이션은 건축뿐 아니라 인프라를 포함한 마을, 도시 등 넓은 범위를 대상으로 하는 '재건'의 의미로, 리유즈는 실제로 고쳐지는 대상이라기보단 어떤 흐름이나 진행과정에서 개념어로 사용된다. 이렇게 때마다, 용처마다 용어 선택이 다양한 이유는 영어의 언어적 속성과도 관련 있다. 반면 우린 '거시기' '머시기'처럼 비슷한 상황을 한 단어로 묶어 표현하는 경우가 많은데 그런 식으로 통칭하는 것이 바로 리모델링이란 외래어다. 그래서 수리되는 대상이 공간이든, 하수도든, 도시나 마을이든, 인프라든, 어느 집 부엌이든, 대형 건물의 외피든 모두 리모델링이라고 부르고 그 해석과 용처는 듣는 이의 몫이 된다. 그렇지만 영어권에서 이런 식의 말이 통할 리 없다. 우리가 원하는 뜻으로 '찰떡같이' 알아들어주지 않는다는 것이다. 이런 시비에도 불구하고 '수리'라는 말은 그 모든 것을 포괄하면서도 압축적으로 표현한다. 닦을 수修, 다스릴 리理 …… 이처럼 멋지고 지성적이며 합목적적인 말을 우린 잊고 있었다.

수리멸종修理滅種

어휘의 소멸은 대상에 대한 표현이 불필요해서인데 집수리는 아파트먼트와 상관있다. 주택의 고질적 문제였던 연탄가스 중독, 단열 부족, 결로, 외풍, 재래식 화장실의 분뇨 처리, 정원 관리, 방범, 이웃과의 경계로 인한 분쟁 등 거주 당사자가 해결해야 할 문제들이 아파트의 등장으로 일시에 해결되면서 수리할 것들도 줄어든 데다가, 그마저도 대부분은 관리 주체가 대신했기 때문이다. 게다가 수도권 과밀화를 해결하려는 청약저축, 신도시 이주 권장에 따라 아파트가 재산의 증식과 중산층 편입의 수단이 되면서 주택 밀집지역인 강북의 구도심은 재개발, 재건축의 대상이 되었고, 그에 따라 집의 낡음은 수리의 대상이 아니라 낡음을 증명함으로써 아파트와의 교환 수단이 되면서 집수리라는 말도 함께 사라져갔다.

멸종의 또다른 이유는 직업의 전문화다. 어찌 보면 근사하게 들리는 이 말의 속성은 분화 가능한 말단까지 쪼개진 수직의 갱도와 같아서 그 깊이를 더할수록 서로 간의 이동이 어려워진다. 애초에 종합체로 태어난 인간이 "당신은 이것만 하면 돼"라는 세분의 대상이 되면서 타분야와의 경계가 강해졌고 그 언저리에 있던 기능들은 퇴화를 거듭했다. 그러다보니 전구가 수명이 다해도, 단추가 떨어져도, 실밥이 터져도, 삽의 손잡이가 부러져도 각각의 전문가를 부르는 것을 당연한 일로 여기는 시대가 되었다. 희한한 것은 정작 이런 세분의 원조 격인 서양의 경우는 이와 다르다는 것이다. 주말이나 휴일이 되면 가드닝 한다며 마당을 가꾸거나 고작 처마 밑동을 칠하는 일인데도 거창하게 점프수트를 입고 팔꿈치까지 올라오는 장갑을 낀 요란한 복장의 노부부를 흔히 볼 수 있고, 어지간한 동네에는 수리에 필요한 것들을 갖춘 대형 마켓이 있고, 어지간하면 집집마다 수리(메인터넌스) 매뉴얼을 한두 권씩 가지고 있고, 어지간하면 집을 통째로 짓기라도 할 양 장비로 가득한 창고를 가지고 있지만, 우린 어지간하면 전문가를 부른다.

수리지향修理指向

물론 수리는 집에만 적용되는 것은 아니다. 라디오나 시계도 수리하며 옷, 가방, 자동차, 선박, 동네와 국가도 수리한다. 비가 새면 '지붕 수리'를 하고 둑이 무너지면 '밭둑 수리'를 하는 것처럼 대상이 집이면 '집수리'가 되는 것이다. 집도 다시 나누면 물, 길, 빛, 축軸, 터, 뼈, 방, 켜, 층, 마당, 시선, 나무, 바람, 허虛, 어둠, 태 등으로 세분되는데, 여기에 수리를 합하면 물의 수리, 길의 수리, 빛의 수리, 축의 수리, 터의 수리, 뼈의 수리, 방의 수리, 켜의 수리, 층의 수리, 마당의 수리, 시선의 수리, 나무의 수리, 바람의 수리, 허의 수리, 어둠의 수리, 태의 수리가 된다. 그렇다면 물, 길, 빛, 축, 터, 뼈, 방, 켜, 층, 마당, 시선, 나무, 바람, 허, 어둠, 태는 왜 수리를 해야만 하는 것일까. 그것의 궁극적인 목적은 집수리 자체라기보다는 수리된 집에서 살게 될 인간의 삶을 수리하는 것이다.

수리소개修理紹介

이번 행사에서 우리가 정한 주제는 '집수리'입니다. 흔히 리모델링이라고 부르는 것으로 집 중에서도 주택에 초점을 맞추는 이유는 주택이야말로 우리에게 가장 필요한 집의 유형이기 때문입니다. 그런데 이 주택의 주거 환경과 물리적 상태가 심각한 지경입니다. 특히 1980년대에 지어진 보급형 주택들은 구조와 설비의 노후화, 생애주기의 한계, 단열, 소음, 일조권 등 거의 모든 부분에서 그 정도가 심각합니다. 날림 공사가 이루어진 탓도 있지만 낡을수록 재개발과 재건축에 유리했으므로 낡도록 방치해서 멀쩡하지 않음을 스스로 입증해야 했기 때문입니다. 그런데 오랫동안 우리의 주거를 주도했던 아파트의 효용이 점차 엷어지고 있다고 합니다. 이러한 시대적 변화가 가져온 새로운 염려는 주택에 대한 또다른 방임으로, 그동안 아파트 외에는 다른 대안을 만들어놓지 못했기 때문입니다. '집수리'야말로 이러한 현상에 대한 사회적인 대안이라고 생각합니다.

_'2008 서울 문화의 밤' 참여자 소개 리플릿에서

2008년 서울시는 '서울 문화의 밤'이라는 행사를 했는데 그 프로그램의 하나가 '건축가에게 말 걸기'였다. 건축에 대한 건축가와 일반인의 정서적 차이를 대중에게 소개할 사람으로 내가 지목되었다. 우린 하루 동안 존재하는 '일일 설계사무실'을 차리기로 했다. 사람들이 많이 모이는 장소를 택하여 건축잡지와 건축가들이 후원한 건축 모형, 제도판을 준비했고, 실제 설계사무실에서 근무하던 후배, 제자가 모여 실장, 부장, 대리를 맡아 방문할 손님의 종류에 따라 역할을 나눴다. 민원, 건축허가 등 실생활과 가까운 상담은 현역 건축사인 최 소장이, 대학진학, 진로상담은 친절한 두호가, 공사비, 주변 민원은 실무자인 태경이가 하는 식이었다.

우리 설계사무실을 방문한 첫 손님은 면목동에 사는 아저씨였다. 스포츠머리의 그는 행사장 주변을 한참 배회하며 인근 동사무소에서 제공하는 파전과 막걸리를 드신 후 우리에게 왔다.

"저기…… 내가 다가구주택을 지으려고 그러는데 어떻게 건축업자와 계약을 하나요?"

"우선 설계를 한 후 건설업체들로부터 견적을 받고 업자를 결정하십시오."

"공사 계약서는 어디서 구해요?"

"서류 구하는 것은 어려운 일이 아닙니다."

"사람들이 그러는데요…… 건축사도 업자랑 다 '짜고' 한다면서요……"

두번째 손님은 마흔 중반쯤 되는 두 분의 아주머니였다.

"집을 리모델링하려구요. 근데요…… 공사는 이미 시작했어요. 근데요…… 공사가 중단되었거든요. 민원 때문에요. 아니다…… 정확히 말하면 민원이 아니고 구청에 걸렸(적발)어요. 증축신고를 안 하고 공사를 했다는 이유로요."

"아니 왜 신고를 안 하고 했나요?"

"공사하시는 분이 목수 경력 삼십 년이라며 자기가 책임질 테니 걱정 말라고 해서요."

"어떻게 책임을 지던가요?"

"그냥 미안하게 됐다고 하죠 뭐. 좋은 분이거든요."

세번째 손님은 어린 손님이었다. 밤송이 같은 상고머리를 한 일곱 살짜리 소년이 한손은 엄마 손을 잡고, 다른 한손엔 쭈쭈바를 들고 왔다. 8월의 무더운 날 버스와 전철을 갈아타며 엄마, 아빠, 형아를 따라 부천에서 왔다고 했다. 그 손님의 가장 큰 관심은 전시된 모형이었다. 그것을 꼼꼼히 들여다보던 손님께선 가끔 고개를 갸우뚱하거나 끄덕거렸고 모형 모서리 부분에 본드가 잘 붙지 않았다는 말도 빼놓지 않았다.

"아저씨, 이 건물의 구조는 뭐예요? 그러니까 어떤 구조 시스템이냐는 거죠. 그리고 진짜 지어진 거예요? 아님 그냥 모형일 뿐이에요? 여기 창은 좀 너무 큰 거 아닌가요?"

"손님께선 혹시 건축가가 되려고 그러냐?"

"예, 건축가가 되고 싶어요. 전 도형을 좋아하거든요."

"조형?"

"아니요. 도형요…… 건축가가 도형을 모르세요?"

"아…… 아, 아니…… 알지. 아저씨가 그걸 왜 모르겠어. 어험."

일곱 살배기가 도형을 말했다. 물론 그가 '도형圖形'이란 묵직한 말을 연상하며 한 말은 아니었을지도 모른다. 그래도 그렇지. 쭈쭈바를 빨고 있는 그 입으로 '도형'이 좋아 건축가가 되기로 했다 하다니.

"꼬마야. 말로만 하지 말고 여기다 직접 그려봐라. 니가 가장 자신 있는 집을 한번 그려봐."

"그러죠 뭐."

두 번쯤 눈을 껌뻑거렸던가? 그림을 그리기 시작했다. 꼭 저처럼 생긴 나무연필을 꼭 저처럼 움켜쥐고 꼭 저처럼 꾹꾹 눌러가며 썰매를 밀고 나가듯 그림을 그려나갔다. 쭈쭈바를 빨며.

그리고 마지막 손님.

"김재관 씨? 그쵸? 맞죠?"

허리를 곧게 펴고 두 손을 테이블에 얹은 그녀는 '일일 설계사무실'의 마지막 손님이었다. 손에 쥔 신문지 조각을 내 얼굴 옆에 갖다 댔다.

"제가 제대로 찾았군요. 호호호. 어제 잠을 자지 못했어요. 건축가를 만난다는 사실 때문에요. 집을 좀 고치려고요. 사실 애들 아빠 아는 분 중에 설계사무실 하는 분도 있고, 집 짓는 분도 있어요. 우리 아들도 건축과 나와서 지금 건설회사 다녀요. 근데 있으면 뭐해요. 코빼기도 안 보이는데. 호호호."

그녀는 노란 공책을 꺼냈다.

"이건 그동안 제가 집에 대해 적어놓은 공책이에요."

"한번 봐도 될까요?"

"대문, 마당, 담장, 계단, 1층 마루 배관, 2층 단열, 1·2층 보일러, 문짝, 2층 싱크대, 칠, 도배, 에어컨, 8500만 원, 전원 속 내 집, 건축 자재 쇼핑몰, 한옥, 전통에서 현대로, 한옥의 구성요소, 철저한 설계와 공정 관리, 이영희, 단열, 환기, 벽돌 이용, 이중구조, 국제 가구 인테리어 산업대전 8.27~8.31, 정순왕후 생가, 황토 벽돌, 연와조, 슬래브 위 기와집 주택, 담장, 공사비, 도배……"

초등학생용 공책 속에는 연필로 쓴 글씨들이 빽빽했다. 글씨의 어떤 획도 삐치거나 갈겨써 있지 않고 마치 상감된 활자처럼 끝을 맺어 얼핏 보면 모음과 자음을 합친 집자 같았다. 생각해보면 그것은 조사 하나까지도 흩뜨려 발음하지 않는 그녀의 발성법이나 웃음과도 닮아 있었다. 소리와 눈빛과 필체와 인식이 모두 같은 파장을 가진 그녀에게 믿음이 생겼다.

"하지만 집은 작아요. 위층을 모두 전세로 주었는데 얼마 전에 방을 뺐거든요. 집을 잘 고쳐 애들 아빠에게 선물로 주려고요."

"선물로요?"

옷도 아니고 신발도 아니고 집을 선물로 준다는 것이다. 물론 소라색 썬캡을 썼다고 해서, 잦은 세탁으로 올이 풀린 셔츠를 입었다 해서, 8월의 태양 아래서도 선크림을 포함한 그 어떤 메이크업도 하지 않았다고 해서, 최소한 일 년 안쪽에는 파마를 한 적도 없을 것이라는 확신이 드는 생머리라고 해서, 남편에게 집을 선물하지 못하는 것은 아니다.

"집을 보고 싶습니다."

어떻게 집을 수리할까 막연하게 시간을 끌던 중 우연히 한국일보에서 반가운 기사 꼭지를 보고 오려놓았다. 서울시에서 주관하는 행사에 참여한 '건축가에게 말 걸기' 무료상담 코너이다. 평생 처음 만나는 '건축가', 약속한 것도 아니면서 가슴 두근거리며 가회동 축제 거리에 있는 행사장을 찾아갔다. 얼마나 가슴이 쿵쿵대던지 신문 쪽지를 손에 들고 뻔히 알고 있는 재동초등학교를 가회초등학교가 어디냐고 행사 안내 아저씨에게 묻기도 했다. 내가 준비한 것은 '우리집 짓기' 공책에 쓰인 집 주소와 집 크기 등뿐이었다. 신문에 실린 그 모습 그대로인 김재관 건축가와 팀 멤버들을 만났다. 친절한 환영에 난 아주 흥분했다. 마치 낯선 여행지에서 누군가를 만나는 반가움마냥 그저 좋았다. 보잘것없는 공책까지 흥미를 가지며 보고 싶다고 하시니 어릴 적 공책검사 받는 것처럼 부끄러웠다. 다음 토요일 우리집에서 미팅을 하자는 제안을 하셨다. 우와! 이런 멋진 시작이라니! 옆에 놓인 책들을 놓칠세라 이것저것 펼쳐보고 좋은 책도 소개받아 적고 팀원들 이름이랑 연락번호도 적었다. 이두호 씨는 여자친구까지 소개해주니 천막 안의 분위기가 금세 친숙하게 느껴진다.

_율리아의 그날에 대한 기록

수도

태권도

1부

율리아네 집수리

2010

집수리,
사람들

우린 하루가 멀다 하고 만나 집에 대해 이야기했다

아파트 전성시대

"이 집을 팔고 아파트를 살 수가 없었어요."

강남에서 목 좋은 주택가였던 서초동은 재건축 붐으로 점점 아파트 단지로 변했고 그 흐름은 예술의전당이 있는 우면산으로부터 산을 따라 북쪽으로 확산되고 있었다. 아파트가 들어선 나머지는 빌라로 불리는 다세대주택과 연립주택이 되었고 나머지의 단독주택은 그 모두로부터 소외되었다. 2009년 서초동은 그랬다.

앞집: 다세대주택

"저 집(다세대주택)을 지을 때 우리는 암 말도 안 했었어요. 이웃끼리 어쩌겠어요. 거실에 앉아 우면산을 볼 수가 없어 답답하지만요."

고시원

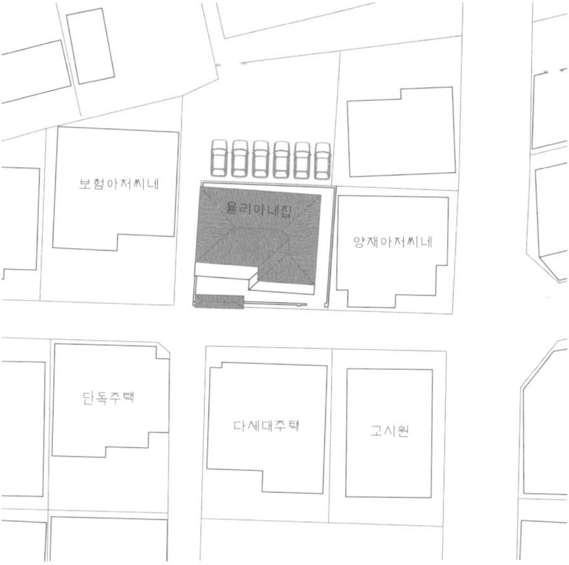
보험아저씨네
율리아네집
양재아저씨네
단독주택
다세대주택
고시원

율리아네 집수리를 하며 앞집으로부터 민원 세례를 받았을 때 율리아가 표현한 섭섭함이다. 길 건너편이긴 했지만 남쪽에 버티고 있는 5층짜리 다세대주택은 볕 잘 들던 남향집을 과거로 만들었다. 오전 열시부터 열한시경 동남쪽을 지나는 햇볕이 고시원의 지붕을 비끼며 잠시 동안 볕을 선사하곤 오후 세시까지는 앞집 뒤로 숨었다가 오른쪽 길과 집 사이의 틈으로 한두 시간 남짓 나타난 후 곧 사라졌다. 햇볕도 그랬지만 마당과 방들이 온통 내려다보이는 것도 심각해서 두꺼운 커튼으로 창문의 절반쯤을 가려야 했다. 보여지는 것도 불안했지만 그렇다고 스스로를 가둘 수도 없기 때문이었다.

앞집의 옆집: 단독주택

"이런 이야기 좀 뭐하지만요. 저 집(단독주택) 2층에 총각이 세를 들어 살았거든요. 어느 날 우리 집사람이 장독대에 올라갔다가 그 총각이 혼자서 그 짓을 하는 걸 본 거예요. 일부러가 아니라 그냥 다 보이거든요."

총각은 무슨 수난인가.

앞집의 옆집: 고시원

"제가 빨래를 널다 기분이 이상해서 보면 저 집(고시원) 2층에서 어떤 남자가 우리집을 빤히 바라보고 있는 거예요. 담배를 피우면서요. 얼마나 놀랐는지…… 딴 데는 안 봐요. 꼭 저만 쳐다보는 거예요."

율리아가 아름답기는 하지만 정말 그녀만을 꼬나본 것일까. 어쩌면 담배를 피우던 그도 단독주택 총각마냥 무심한 마음으로 고향의 친구를 생각하거나, 그곳에서조차도 형법이나 민법을 암기하는 원시 근시 난시의 혼합형 인간일는지도 모른다. 누구의 잘못이나 의도라고 하기에는 우리 사는 도시의 대부분은 어디든 편히 눈 둘 곳이 없다.

그녀의 집 앞 4미터 도로는 인도가 따로 없는 무뢰無賴한 길이며,
남의 집 안마당을 빤히 볼 수 있는 불온不穩한 길이며,
그것을 알면서도 그 민망함을 빤히 삼켜야 하는 환장換腸할 길이며,
더운 날 민소매를 입을 수도, 입지 않을 수도 없는 애매曖昧한 길이며,
커튼을 내릴 수도 올릴 수도 없는 우울憂鬱한 길이며,
맛난 음식조차 몰래 해먹을 수도 없는 얄미운 길이다.
만약 그녀가 그 길을 통하지 않고서는 햇빛을 받을 수 없는
어둠 가득한 집에 산다면,
만약 그녀가 그 길을 통하지 않고서는 집안으로 들어올 수 없는
그런 집에 산다면,
만약 그녀가 그 길을 통하지 않고서는 어떤 이웃과도 왕래할 수 없는
집에 산다면,

만약 그녀가 그 길이 아니면 눈을 둘 곳이 없는 곳에 산다면,

만약 그녀가 이런 집에서 다시 살겠다고,

그리고 그 집을 그려달라고 한다면

그때 나는 이 길을 무엇으로서 인식해야 할까? 길일까? 골목일까?

도로일까? 해자垓字일까?

_율리아네 집을 방문한 첫날 나의 기록

2009년 여름 서초동은 그랬다.

율리아네

“창은 크지만 열 수가 없고, 남향이지만 어두운 곳이 많고, 방은 많지만 모일 만한 곳은 작습니다.”

“맞아요. 잎집 때문에 볕이 안 들어 속상해요. 여름에도 창문을 못 열어요. 이 집을 살 때 중요했던 것이 방의 숫자였습니다. 남편이 장남이라 차례를 지낸 후 형제들이 자고 갈 방이 있어야 했거든요. 지금은 그럴 일이 없지만요. 개념을 이렇게 잡으면 어떨까요? 함께! 밝게! 넓게!”

“그럼 제가 이 집의 그림을 그려도 된다는?”

“그럼요. 요즘 바쁘세요?”

예상하지 못한 일이었다. 고작 한 번을 길에서 만나고 처음 집

을 방문한 날 설계를 맡게 될 줄은. 나에 대한 신뢰가 고마우면서도 부담도 컸다. 주택 수리를 한 경험도 없었고 집이 낡아 보였지만 확인할 수가 없어서다. 특히 경사지붕 속이 의심스러웠다. 지붕 구조물이 콘크리트로 만들어졌는지 목재 틀로 만들어졌는지에 따라 옥상 공간을 새로 만들 수 있는지가 달라지고, 현재 상태로 사용할 수 있는지, 보강을 해야 하는지, 아니면 철거를 하고 다시 구축을 해야 하는지를 알려면 천장을 뜯고 속을 들여다봐야 하는데 그럴 수가 없었다. 물론 철거를 마친 후 그때부터 설계를 시작하면 되지만 그렇게 되면 이사 들어올 세입자의 일정을 맞출 수 없게 된다. 결국 낡음의 원인을 눈으로 확인하지 못한 상태에서 상상과 가정으로 설계를 시작하게 됐다.

가벼운 계약

그런데 설계를 시작할 무렵 이런 가정이 생겨나기 시작했다. 설계를 진행하는 중에 율리아의 마음이 바뀌어 수리하는 것을 포기하고 집을 팔고 싶어진다면, 제안된 건축가의 아이디어가 마음에 안 든다면, 설계를 마친 후 철거를 하고 나서야 너무 낡아 도무지 수리할 수 없다는 결론을 얻는다면, 설계뿐 아니라 감리까지 하는 것으로 계약을 했지만 감리만큼은 설계자가 아니라 친척에게 맡기고 싶다는 생각이 뒤늦게 든다면 율리아는 어떤 선택을 할 수 있을 것인가 하는 생각 말이다. 고민 끝에 율리아가 단계별로 재계약 여부를 선택할 수 있는 계약서를 제안했다. 재계약의 단계는 이렇다.

설계 계약—실측—구상—기본 설계—세부 설계—감리

말하자면 한꺼번에 모든 단계를 포함한 계약을 하는 것이 아니

라 매 단계마다 건축가를 중간평가할 수 있는 것이었다. 당시 파주 출판단지에서 건축주와 건축가 간에 이루어진 계약을 업계에서는 '위대한 계약'이라고 말했는데 거기에 비하면 규모가 작은 집이었으므로 '위대한 계약' 대신 '가벼운 계약'이란 이름을 붙이기로 했다.

"율리아, 어떠세요? '가벼운 계약'. 언제든 저를 자를 수가 있다는 계약입니다."

"좋아요. 그렇지 않아도 우리도 걱정했어요. 주변에서 말들이 있잖아요 아무래도. 그 건축가가 이런 일 해본 사람이냐, 계약하고 나면 나중엔 물리기가 어렵다, 사람을 너무 믿지 마라, 그러다 집을 부숴야 한다면 설계비만 다 날리는 게 아니냐 그런 말들요."

"율리아, 고할 건지 스톱할 건지 정해요."

"고해요. 이번이 스리고입니다. 피박 조심하셔요."

집을 다 지을 때까지 모두 다섯 번의 재계약이 이루어졌다.

그리기

우린 하루가 멀다 하고 만나 집에 대한 이야기를 나누었는데 그것은 결국 집을 통한 삶에 대한 이야기였다. 횟수가 잦아질수록 더 많은 율리아의 친구들을 알게 되었고, 더 많은 브루스 전(율리아의 남편)의 단골 술집과 더 많은 가족들을 만났다. 우리의 화제도 친구-술-차-책으로 옮겨갔고, 자녀들의 어린 시절과 세간살이를 구입한 사연도 알게 되었고, 집이 다 지어질 무렵엔 서로의 가족 대부분을 만난 사이가 되었고, 그녀로부터 빌린 에드거 스노의 『중국의 붉은 별』과 루이제 린저의 책들이 내 책상 위를 차지했다. 무엇보다 어려웠던 주제는 역시 공사비에 대한 것이었다. 재료를 정하고 공간을 만드는 건 이야기를 나누다보면 해결되었지만 공사비는 시공자의 의지와 물가와 통계에 의해 결정되는 부분이기 때문이다.

Employees

우린 결국 '공사하는 사람마다 다르다'는 엉성한 전제를 정한 후 우선 예산에 가장 근접한 설계를 하고 건설회사에 견적을 맡겨서 만약 공사비가 예산을 초과한다면 그 액수에 해당하는 만큼 설계를 변경하고 그 경우에 대비해서 설계 변경의 우선순위를 정하기로 했다. 하지만 예상은 어긋났다. 설계도면과 모형을 만들어 세 곳의 건설업체에 맡긴 후 받아본 견적서 모두는 예산을 초과했고 차액은 이런 경우에 대비한 단계별 시나리오를 모두 합해도 부족한 액수였다. 그들도 나름의 이유는 있었다.

'사용해보지 않은 재료여서' '공사해보지 않은 공법이어서' '사람 손이 많이 가는 방법이어서'…… 아무리 그렇다지만 이십 년이나 된 설계 경험자치곤 실망스런 결과였다.

"선생님, 죄송해요. 저희가 돈이 부족한 바람에 설계대로 안 되어서……"

"아니어요, 율리아. 제 욕심 때문입니다. 그리고 예상하지 못한 제 책임입니다."

석연치 않은 점은 세 업체의 공사비 액수가 거의 비슷하다는 것이었다. 물량이야 이미 정해진 것이니 비슷할 수 있다지만 공사 방법에 따라 적용이 달라지는 단가는 다를 수밖에 없는 것인데도 비슷한 공사비를 제안받아서다.

"이런 근사치가 나올 만큼 통계가 정확한 나라였다니……"

견적서들을 뒤졌다. 건설회사들의 공사비 산출 근거를 펼쳐놓고 설계도면과 대조하며 내용을 분석해보니 그 속에는 설계자인 내가 모르는 재료들과 알지 못하는 단가와 공법이 많았음에도 신기하게도 수학적인 셈만큼은 꼭 맞아떨어졌다. 소위 말하는 평당 견적서였다. 남겨야 할 이윤과 경험을 토대로 적용한 단위면적당 공사비를 공사면적에 대입하여 총액을 얻어낸 결과다. 어이가 없었지만 다른 한편으로는 희망의 신호이기도 했다. 견적서에 포함된 거품과 숨겨진 이윤을 추려내고, 재료 일부를 바꾼다면 예상한 범위에서 집을 지을 수 있다는 현실적 근거였기 때문이다.

"율리아. 좋은 소식인지 아닌지 모르겠습니다. 견적서 내용이 엉성합니다. 결론만 말하면 실비로 공사할 업자를 만난다면, 그리고 재료를 좀 바꾼다면 집을 지을 수 있을 것 같습니다."

"세상에나…… 그렇게 되면 얼마나 좋겠어요. 그런데 그런 사람을 어디서 찾죠?"

"……저요."

"세상에나…… 어떻게 제 마음을 아시고…… 호호호."

시공자를 감독할 사람이 집을 짓는 당사자가 되었으니 코치가 선수가 된 것이다. 정작 문제는 이때부터였다. 오랫동안 설계와 감리를 해왔기 때문에 기술자들을 많이 알고 있었고 대부분 큰 건물을 짓는 사람들이라 이 정도 공사에서 인력을 구하는 것은 문제라고 생각하지 않았었다.

"집수리요?"

하지만 내가 알던 사람들 대부분은 신축 건물을 짓는 사람들이었다. 어찌 보면 마찬가지인 듯싶어도 수리와 신축은 집을 짓는 순서부터, 기술자의 종류, 공사기간 등 대부분이 달랐고 큰 건물을 짓는 사람들은 기술자라기보다 그들을 관리하는 사람들이라서 집수리에 필요한 세세한 부분들을 몰랐다. 결국 내가 알던 사람들과 내가 알던 지식은 집수리에서는 별 소용이 없었다. 자재를 구입하는 것도 마찬가지다. 지금이야 을지로 골목골목을 잘 헤아리고 있고 그곳 상인들과도 낯이 익지만 당시는 어디에 무엇이 있는지도 몰랐다. 어쩔 수 없었다. 내 청을 거절할 수 없는 사람에게 억지를 부리는 수밖에는.

"형님, 집을 수리해야 하는데 사람이 없네요. 오셔야겠어요."

"어쩌려고 집을 맡았어그래."

내가 손을 내민 사람은 손위 동서로 집을 짓는 사람은 아니었지만 매달릴 사람은 그밖에 없었다.

"우리 매형이 철거사업 하잖아. 성남에서 고물상 하면서. 집을 수리하려면 먼저 철거를 해야 하는데 우선 우리 매형이라도 보낼까?"

"얼른요."

이후 9년 동안 이어진 나의 집수리는 그렇게 시작되었다.

양재 아저씨

동네 사람

양재 아저씨는 이웃 부동산 사장님으로, 집을 지었던 경험들을 알려주거나 민원이 생기면 무마하는 등 어려울 때마다 날 도왔다. 어찌 도움뿐이랴.

#1
"아저씨 안녕하세요."
"야 이 사람아! 이리 와봐."
"네."
"이게 눈야?"
"……"
"이게 눈이냐고?"

"그럼…… 물?"

"딱 보면 몰라?"

"……"

"이건 눈이 아냐."

"그럼…… 비?"

"야 이 사람아, 이게 비야?"

"……"

"이게 비냐고."

"그럼…… 흙?"

담이 철거되자 감나무 주위로 이웃들이 모였다. "율리아. 수리하면 돈이 더 들어간대요. 부수고 새로 짓는 게 차라리 낫다던데……"

"그게 아니라 이건 눈도 물도 비도 흙도 아니라는 거야."

"그럼 도대체……"

"내가 강원도에서 군대 생활할 땐 눈이 내 키보다 더 많이 왔어. 알아?"

"아하……"

"알긴 뭘 알아. 강원도에 비해선 이건 눈도 아니라는 거야. 그땐 말이지 똥 누러 변소간도 못 갔어요. 그거 알아?"

"……"

"그것도 모르면서 어떻게 집을 져?"

"잘못했습니다. 아저씨."

#2

(율리아네 앞집을 가리키며) "내가 이 집을 지은 사람야. 근데 내가 봐도 이 집이 너무 커. 동네에 비해 너무 높다는 거야. 근데도 이 집을 지을 동안 율리아네가 한마디 안 하더라고. 참 좋은 사람들이지. 만약 우리집 앞에 이런 큰 집을 지으면 나 같으면 그냥 안 있거든. 자네 말야 이 동네서 일하려면 내 도움이 필요할 거야. 이 집도 저 집도 모두 내가 관리를 하거든."

"잘 부탁합니다……"

"응. 걱정 말라구. 자네 딱 보니까 인상도 좋구 맘에 들어. 그래서 하는 말인데 반네루(패널) 좀 몇 개 남는 것 없나? 잠깐만 쓰면 돼."

"네."

"고맙구만. 그럼 톱도 있나?"

"네."

"고맙구만. 혹시 그럼 세멘(시멘트)은?"

"……"

"야 이 사람아, 말을 해. 있으면 있다 없으면 없다. 쫌만 쓰면 돼. 새거 말고 쓰던 거 말야. 그것 땜에 세멘 한 포를 산다면 국력 낭비 아닌가. 그래 안 그래?"

"……"

"그것도 모르면서 어떻게 집을 져?"

"잘못했습니다. 아저씨."

#3

양재 아저씨의 집에는 잘생긴 감나무가 한 그루 있다.

"아저씨, 감나무가 아주 좋습니다."

"야 이 사람아! 그걸 말이라고 해? 내가 여기다가 한약 지게미를 얼마나 넣은 줄 알아?"

"모르죠…… 저는."

"요 아래서 내 친구가 한약방을 해요. 개한테 한약 짜고 남은 걸 얻어 와서 퇴비로 준 거야."

"네에……"

"근데 그걸 또 그냥 넣으면 돼 안 돼!?"

"제게 묻지 말고 그냥 답을 말씀하세요. 어차피 제 말이 맞아도 틀리는 거잖아요……"

"그걸 그냥 바로 주면 안 되고 한 일 년 푹 묵혀야 된다는 거지."

"……"

"세상에 쉬운 일이 하나도 없어요. 그래 안 그래?"

"……"

"그것도 모르면서 어떻게 집을 져?"

"잘못했습니다. 아저씨."

보험 아저씨

동네 사람

그의 특기 중 하나는 나무의 전지剪枝다. 분재를 포함하여 수목에 가해지는 모든 종류의 인위적 행위를 싫어하는 나로서는 고운 눈으로 그를 볼 리가 없다. 문제는 자기 집 나무만 손보는 게 아니라는 것이다. 동네에 있는 집집마다 찾아다니며 허락도 없이 전지 작업을 하는데 나무마다 전지 방법이 같다보니 결과도 같았다. 그가 가진 전지 원칙 중 하나는 '아래쪽에 붙은 가지는 무조건 없앤다'인 듯 바리캉 된 머리처럼 아래쪽을 모조리 자른 후 위로 올라가면서 서서히 양옆 방향으로 범위를 넓히다가 어느 순간 멈추는데, 그 이유는 조경용 가위가 닿지 않아서다. 전체 모양을 생각지 않고 가위가 닿지 않는 지점에서 순간적으로 중단하다보니 몽실이형 헤어스타일로 시작하여 영구형으로 끝나는 희한한 버섯 모양이 된다.

“저 감나무는 아버님이 제가 이 집에 이사 올 때 기념으로 심어 준 나무예요. 가을이면 감도 많이 열려 그럴 때마다 오셔서 손수 감을 따서 깎아 처마에 매달아놓고 가시지요. 해마다.”

“나무 모양에 대해선 별 말씀 안 하시는지요.”

“기가 막혀 하시지요. 후년에는 당신이 할 테니 놔두라고 당부하시고요.”

“그럼 보험더러 그러지 말라고 하면 되지 않나요?”

“네, 저도 그렇게 생각을 하지요. 그래서 봄이 되면 유심히 지켜보는데 어느 날 아침에 일어나면 그 지경이 돼 있는 걸 어쩌겠어요.”

“밤에 하나보네요?”

“모르겠어요. 한 번도 본 적이 없으니…… 그러다 자기가 깎은 나무를 바라보며 흐뭇해하는 모습을 보면 차마 내년에는 그러지 말라는 말이 나오질 않는 거예요. 나쁜 뜻으로 하는 것도 아니고.”

황장엽의 친척 아저씨

동네 사람

공사장을 그냥 지나치지 않고 한참을 지켜보는 분이다. 차림만 봐도 부유한 분위기가 곳곳에서 감지되는데 흔치 않은 무스탕 잠바도 그렇고, 반짝이는 인조피혁 구두며 양모로 만든 페도라며, 남자로서는 매우 이례적으로 깊은 쌍꺼풀과 그것을 감싼 테 굵은 안경이 그랬고, 집도 그랬다.

"어이 어이, (손바닥을 하늘 방향으로 뒤집은 채 중지에 걸린 실을 당기는 듯한 모습으로) 이루 와봐. 할말이 좀 있어."

그가 출현하는 시간은 하필 오후 네시 반 정도로 현장 일을 마무리하고 내일 작업할 것을 인부들에게 배당하는 바쁜 시간이었다.

"지금 좀 바쁜데 어쩌죠?"

"내가 말이야 집을 좀 지으려고그래, 이 사람아."

이쯤 되면 당장 달려가야 한다. 집수리업자의 삶이란 게 언제 새로운 일이 들어올지 모르는 부초 같은 인생이라 가을걷이마냥 일감이 있을 때 부지런히 비축해야 하기 때문이다.

"젊은 사람이 추운데 고생이 많고만. 내가 옛날에 이 집 짓는 걸 다 봤어요. 이 동네서 오래 살았거든. 오씨라는 유명한 집 장사 아줌마가 있었지. 대단했어. 요 집과 요 윗집, 저 집, 그리고 고 옆집하고 고 옆의 끝 집까지 그 여자가 지었지."

"부럽네요."

"그런데 말일세. 그 시대만 해도 물자가 달렸다네. 모래, 세멘, 반네루(패널), 다이루(타일), 요깡(콘크리트관)…… 다 마찬가지야. 그러다보니 일단 아껴야 해, 그래야 남거든. 그러다보니 벽돌을 현장에서 찍어. 공장에서 사 오면 비싸니까. 뭐 공장도 없구. 여기가 지금은 이래도 그땐 시흥군 신동면이었어. 건물은 하나 없고 전부 과수원이었어……"

"저기 어르신, 지금 좀 바쁜 시간인데 과수원 이야기는 속편으로 내일 들으면 안 될까요?"

"어허. 이 사람이 비즈니스 잘 못하네. 이제 막 집 이야기 좀 시작하려는데 말이지."

"……"

"세멘이 없으면 어뜩해. 벽돌을 못 맨들잖아. 벽돌이 없으면 어뜩해. 벽을 못 쌓잖아. 벽을 못 쌓으면 어뜩해. 집을 못 짓는 거잖아.

집을 못 지으면 어뜩해. 망하는 거잖아. 그럼 자네라면 망하겠어?"

"아니죠."

"역시 배운 사람이라 머리가 돌아가누만. 그래야 해. 안 그러면 세상을 살기가 심이 들어요."

"저기 어르신. 제가 잠깐, 그러니까 일분만 일 좀 보고 오겠습니다. 노임을 줘야 하거든요."

"아니 젊은 사람이 말귀를 못 알아들어. 앞으로 지을 집이 중요해 아님 잡부 노임 주는 게 더 중요해."

"……"

"하나만 더 말할 테니 그거 듣고 나머지는 우리집으로 와서 들어. 그리고 술 좀 하나? 조니워카블루가 한 병 있거든. 어디까지 이야기했더라……"

"벽돌이 없으면 망한다……"

"그렇지. 모래도 없어요. 모래가 없으면 어뜩해. 그럼. 짓지 마? 그게 안 되잖아. 그러다보면 모래 대신 흙을 파서 체에 쳐. 그걸 세멘을 쪼오끔 섞어서 벽돌을 찍는 거야. 틀에 집어넣고 막 이겨서. 그렇다구 그걸 두껍게나 쌓나? 요래(손가락 두 개를 거의 붙이며) 벽돌 반 장짜리 말야. 저 집이 다 그걸로 지은 거야. 한마디로 날림인 게지. 조심해. 난 이해가 안 가. 저 집을 고친다는 게. 저 집 짓는 거를 봤으면 그런 소리 못하지."

"그럼 어르신 댁도 흙벽돌로?"

©박영채

"어허~ 내 사촌 형님이 황장엽이야. 저번에 대통령이 직접 찾아가서 만나 뵈었던. 그런 집안에서 그런 벽돌을 썼겠어?"

"그럴 순 없죠."

"우린 이 동네에서 유일하게 안쪽 벽체까지 붉은 벽돌로 쌓았어. 중간에 스티로폴 넣고. 거기다 바깥에 또 아까랭가(붉은 벽돌) 한 장. 그러다보니 벽 두께가 (손가락을 최대한 펴고) 이래. 대신 공간이 좀 좁아지기는 했지. 그렇지만 겨울에 난닝구 입고 사는 사람은 이 동네에 우리집밖에 없지."

도배공 배씨

수리하는 사람

수소문 끝에 '도배계의 전설' 배씨를 방산시장 지물포에서 만났다.

"아, 그 유명한 배씨이시군요."

"네. 제가 배씨 맞습니다. 사장님이 찾던 그 배씨는 아니지만 거의 마찬가지고요."

"마찬가지라면……"

"우리 아버지는 얼마 전에 도배하다 높은 데서 떨어져서 돌아가셨어요. 그후론 내가 맡아 합니다. 제가 그의 아들 배씨입니다."

그는 대개의 도배공처럼 작고 왜소했다. 오래 일하다보니 등이 굽었는지 등이 굽은 사람만 도배공이 되는지 모르지만, 도배공들은 키도, 생김새도, 몸집도, 나이도 비슷했다. 우마(길고 좁은 작업용

의자)에 오를 때면 한번에 오르지 못하고 중간 높이의 물건을 놓은 후 올랐고 그때마다 목에서는 쉰 소리가 났다.

"아이구…… 심들다. 거렁거렁."

"괜찮겠어요?"

"해봐야지요 뭐. 거렁거렁."

나이가 비슷해 보이는 영감님 둘과 허드렛일을 거드는 몸집 작은 할머니, 그리고 배씨의 곁을 한사코 떠나지 않는 카자흐스탄 여인이 만삭의 몸으로 배씨 뒤를 따라다녔다.

"배 사장님, 그러니까 저분들과 같이 하루 만에 도배를 다 한다는 거죠?"

"그럼요. 저래 봬도 백전노장들입니다. 하하하. 걱정 마요. 껄껄껄."

"백전이 넘어 보여서요……"

"저 프로입니다. 전설적인 도배공 배씨가 바로 우리 아버지입니다."

어쩔 수가 없었다. 한지 도배하는 사람들을 다시 구하는 것도 어려웠지만 구한다 해도 배씨보다 낫다고 장담할 수 없고 이미 이사 날짜는 정해진 터였다.

"저눔이 오라고 해서 오긴 했는데…… 이게 쉬운 게 아녀요. 시간도 많이 걸리고…… 태도 안 나고…… 거렁거렁."

노인들은 걱정이 많은 반면 배씨는 시원시원했다. 시간도 하루

©박영채

면 되고, 품질도 자신이 지정한 재료를 사준다면 문제가 없다고 했기 때문에 초배지와 화학 성분이 전혀 없다는 진짜 밀가루풀까지 준비했다. 그런데 방안에서 작지만 큰 소리가 들렸다.

"야 이눔아!"

"아저씨, 조용히 좀 말해요. 누가 들으면 어떡해요?"

"들어야지 이눔아! 아니, 알려야지 이눔아! 느 아부지는 일을 이렇게 안 했다. 너 이눔, 일을 맡기 전에 여기 한 번이라도 와봤어? 이걸 무슨 수로 하루에 다 한다는 거야? 그리고 말이지. 설마 2층 높이로 뚫어진 저 거실을 우리더러 매달리라는 건 아니지? 우리가 무슨 청춘인 줄 알아? 느 아부지 저런 데서 떨어져서 죽은 거여. 내 눈으로 다 봤다. 그럼 니가 탈래? 그 곱사등으로?"

"나도 저렇게 1, 2층이 구멍 뚫린 집인 줄 알았겠어요? 그리고 중간에 지들이 어쩌겠어요? 한지 도배하는 사람도 없는데. 있다고 해도 우리가 여기서 일하는 걸 지물포에다 소문내서 아무도 안 오게 할 수도 있어요. 그렇게 시간을 끌면서 하면 돼요. 걱정 마요, 아저씨들은."

"어허, 저놈 말하는 본새 보게."

배씨를 불렀다.

"솔직히 말해주세요. 얼마나 걸리는지요."

이번엔 노인이 나섰다.

"하루요? 어림없어요. 이놈이 하도 서둘러서 오긴 왔지만요. 이거 사흘은 족히 걸려요. 한지란 게 원래 그런 거예요."

어쩌면 이것은 도배공의 문제라기보다 양옥집에서 한지를 사용하겠다는 생각 자체가 잘못일 수 있다는 생각이 들었다. 한지와 흙, 나무는 서로가 다른 듯하지만 성질이 비슷해서 변형이 생기더라도 그 정도가 크게 차이나지 않으며 설혹 속이 비친다 해도 흉이 되지 않는다. 한지 속에서 드문드문 비치는 나무는 얼마나 고우며 그 위에 덧발라진 한지는 또 얼마나 따뜻하던가. 집의 크기만 해도 그렇다. 한옥은 천장이 낮아 우마에 올라타지 않고서도 빗자루를 이용하면 천장 도배도 문제가 없다. 그런 경우 저 아저씨들의 작은 키는 한옥 도배에 안성맞춤이다. 늙은 그들에게 노트르담의 꼽추처럼 멋진 줄타기를 요구해선 안 될 말이다. 한지는 부드러운 흙이나 나무를 몸으로 삼을 때 유용하지만 이 집의 몸은 시멘트와 철근이 아니던가. 어쩌면 이것들은 한지가 아니라 두껍고 질긴 양지로 덮고 막는 게 옳을지도 모른다.

“배 사장님, 일을 여기서 끝냅시다. 대신 오늘 일당은 쳐드리겠습니다.”

“이건 일당 문제가 아니라 자존심 문제입니다. 게다가 재단을 다 해놨거든요. 도배지 값이 백만 원어치가 넘는다면서요? 아깝지 않아요? 우리 그러지 마시구 화끈하게 말합시다. 저 아저씨들 죽은 우리 아버지 친구들인데요 사실 너무 늙었어요. 내일 젊은 피들을 데려올게요. 그 사람들은 진짜 하루면 돼요. 어차피 우리 말고 당장 사람을 구하기 어렵잖아요?”

“배가야! 이눔아! 어릴 때부터 도배 안 한다고 즈 아부지한테 그렇게 두들겨 맞고시도 만날 도망만 다니더니 나이를 처먹어두 달라진 게 하나도 없구나. 암튼 우린 집에 간다. 혼자서 줄도 타고 다 해라. 거렁거렁.”

“어어? 아저씨이, 혼자 가면 어떡해요.”

타일공 박씨

수리하는 사람

"괜찮으시겠어요?"

파리한 얼굴과 마른 어깨에 매달린 연장 가방이 버거워 보였다. 암 수술을 해서 술을 마실 수 없다고 말하는 입술에선 소주 냄새가 났다. 의심하는 내 눈을 의식하며 장비에 묻은 모르타르를 털어내는 손놀림을 감췄지만 기준으로 먹인 금은 어지러웠다. 하지만 지금 할 수 있는 건 그가 기억할 수 있는 가장 짤막한 말을 만들어내는 것이었다. 그조차 간신히 구했으므로.

"반장님. 여기로부터 1.2센티 아래가 타일의 위치입니다."

"걱정 마시오. 부끄러운 얘기지만 오십 년째 이걸 한다오."

그러나 반백년의 경험보다 나의 의심이 맞았다. 내가 말한 1.2센티는 기억했지만 여기부터라는 기준 지점을 기억하지 못하는 바람에 서너 시간을 허비했고, 1.2센티만큼의 모르타르를 모두 걷어 낸 후에야 겨우 원상태가 되었지만 시간은 이미 점심나절이었다. 게다가 기력이 떨어져 몸을 가누지 못했는데 서너 잔의 막걸리를 주자 그제야 생기를 찾았다. 그가 기억할 더 짧은 문장을 고심했다.

"요기. 빨간 줄에."

"아이구 참. 사람을 너무 못 믿네 이거."

그러나 이번에도 나의 의심이 옳았다. 타일 높이를 표시하는 붉은 선들만 벽체에 난무한 채 그는 한 장의 타일도 덮지 못하고 하루를 마쳤다. 소개한 인력 사장에게 연락이 왔다.

"실력이 어떻든가요. 그 냥반이 나이는 좀 먹고 술은 좀 자시지만 타일 하나만큼은 삼양동에서 최고입니다."

다음날도 내 의심은 옳았다. 연락 불통. 어떤 기별도 없이 사라진 것이다. 이미 구해놓은 뒷일 할 인부에게는 다른 일을 시키면 되고 준비한 자재는 다음에 쓰면 된다지만, 누군가 손을 댔다 그만둔 현장을 맡지 않는 것이 이 바닥의 불문율이었다. 이럴 거면 벽체에 붉은 선을 긋지나 말지. 그가 원망스러웠다. 게다가 페인트칠하는 창숙이 아줌마 일까지 뒤로 미뤘건만 끝내 소식조차 주지 않았다. 문득 생각난 건 연장 가방. 이튿날 일할 사람이면 현장에 연장 가방을 두고 가는 법이다. 그가 퇴근한 후만 하더라도 불룩한 연장 가방이 있었는데 그게 안 보였다. 필경 퇴근한 이후 다른 일감이 있다는 연락을 받고는 의심 가득한 나의 눈초리 대신, 작은 방들이

여럿 모이고 그 방들조차 직각이 아니어서 타일을 종이 오리듯 하지 않아도 될, 상가나 아파트 모델하우스 같은 반듯한 곳에 가기로 작정하고 새벽녘에 이곳에 들러서는 연장 가방을 챙겨 간 것이다. 만약 아침나절까지 다른 일감이 생기지 않았다면 파리한 손목과 술 냄새 밴 입술로 우리 현장에 다시 왔을 것이고.

전기 권 사장

수리하는 사람

“제가 원래 이런 작은 일을 하는 사람이 아닙니다. 함 소장님 부탁이니 작아도 하는 거지. 이런 작은 현장은 바쁘기만 하고 남는 게 없어서……”

그는 틈날 때마다 ‘작음’에 대해 말했다. 작은 현장인 것도 맞고 그리 넉넉한 공사비도 아니지만, 그렇다고 사정을 봐주는 듯 일하는 것도 싫었다.

“고맙기는 하지만 어쩔 수 없이 일해서 되겠나요.”

“함 소장님 부탁인데요 뭐.”

“다른 일이 바쁘시면 다음 인연도 있습니다.”

“함 소장님 부탁인데요 뭐.”

문제는 설계 변경이었다. 처음 구상대로 공사하면 되겠으나 간접

등도 설치하고 싶어졌고 현관은 센서등이 좋겠다는 율리아의 요구를 전했다.

"스위치가 또 바뀌었네요? 이러면 저번에 했던 거 다 다시 해야 해요. 함 소장님 부탁만 아니었어도……"

공사한 것을 다시 수정하면 좋아할 사람은 없다. 더구나 전기공사는 목수 일과 병행되므로 설계를 변경하면 이미 작업한 목수 작업이 헛일이 되거나 그렇지 않으면 목수가 해놓은 일을 어느 정도 수정할 수밖에 없다. 그렇게 하지 않으려면 목수와 함께 작업하며 매번 협조를 구해야 하는데 그런 식으로 전기업자가 공사장에 상주를 했다간 다른 현장 일을 볼 수가 없다보니 목수들과 충돌이 난다. 그런 이유로 전기쟁이는 목수에게 쩔쩔매고 사정을 하는 경우가 많은데, 권 사장은 매번 그들과 대치했다.

"옛날에는 목수들이 흔했는데 요즘은 망치만 들면 다 목수라네. 헛 참!"

어느 날 이른 아침 율리아로부터 급한 전갈이 왔다.

"선생님, 선생님. 급한 일 있어요. 지하실에 전기가 안 들어와요. 그 집 아저씨가 출근을 해야 하고 딸아이가 학교에 가기 전에 머리를 감아야 하는데 뜨신 물도 안 나오고, 무엇보다 암흑이래요."

집수리를 하는 동안 율리아가 지하실의 절반을 사용했고 나머지 절반은 그 집에서 오래 거주한 세입자가 살고 있었는데 갑자기 단전이 된 것이다.

"권 사장님, 지하에 불이 안 들어와요……"

"제가 몇 번을 말해요. 오늘 현장 안 나가는 날이라고."

"사정 좀 봐주세요."

"그리고요. 이런 말 안 할라고 했는데요. 제가 얼마 전에 역삼동에 있는 공사를 하나 땄는데요, 아직 딴 거는 아니고 거의 딴 거나 다름없는 일이 있는데 그 공사비가 얼만지 알아요?"

"전 모르죠."

"3억. 그 집의 백 배입니다, 딱 백 배. 그런 일을 땄는데 소장님이라면 그 집 일이 눈에 보이기나 하겠어요? 코딱지만한 집 가지고 말이지 새벽부텀 전화하고. 게다가 신축도 아냐. 집수리. 함 소장님 부탁만 아니었어도……"

"그러니까요. 함 소장 부탁으로 시작한 일이니까요. 여학생이 머리를 감다 말았대요. 다른 것도 아니고."

"머리 감다 만 게 그렇게 중요해요?"

"그럼 뭐가 중요한데요?"

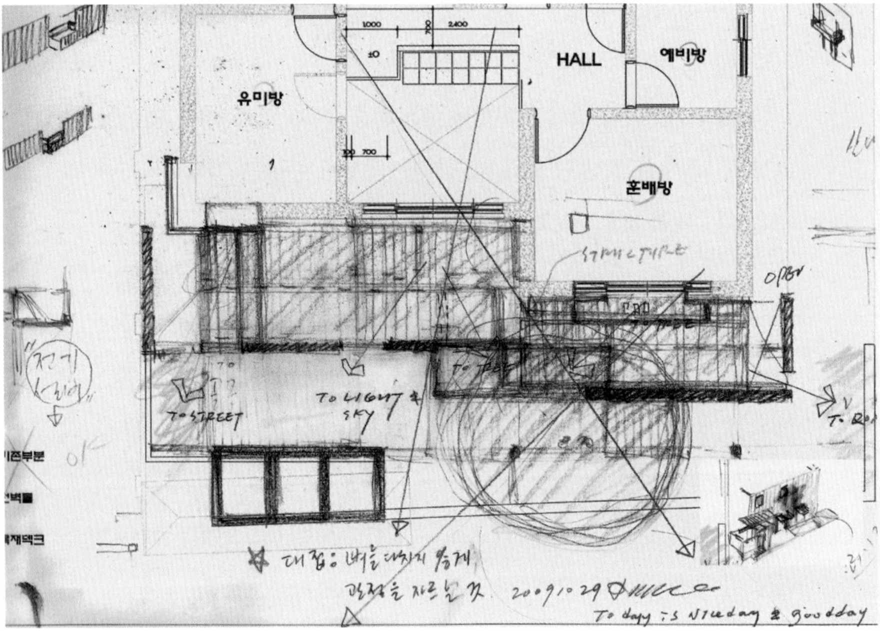

1000
2400
±0
HALL
예비방
유미방
혼배방
TO STREET
TO LIGHT & SKY
OPEN
To day is Niceday & goodday

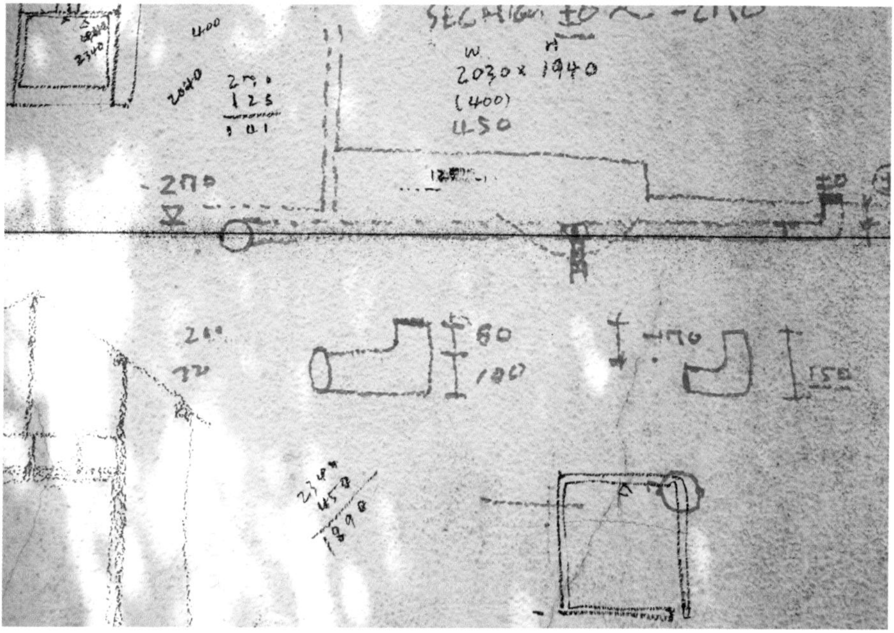

벽에 그려진 설비배관 계획.
집수리업자가 된 이후 설계사무실 시절의 설계도면과 달라진 점은
시공할 수 없는 도면은 그리지 않는다는 것이다.
그것을 해결할 사람이 우리 자신이기 때문이다.
그러다보니 설계를 할 때 흔하게 던지는 질문이
“이거 시공할 수 있어?”
“이런 재료를 구할 수 있어?”
“일하는 사람에게 이 도면을 이해시킬 수 있겠어?”다.
이런 말이 그립다.
“일단 그려놓고 시공하면서 나중에 해결하자.”
”시공자가 알아서 할 거야.”

박 목수

수리하는 사람

이럴 때 오래도록 함께 일해본 목수가 있으면 좋으련만 설계쟁이였던 사람에게 그런 일은 없다. 감리를 하면서 현장에서 만난 몇몇에게 기별을 해서 여러 명의 목수를 만나봤지만 탐탁지 않았다. 게다가 대부분의 목수는 설계도면에 있는 대로만 일하는 신축 현장을 찾았지, 변화 많고 까다로운 집수리 현장에서 일하는 것을 꺼렸다. 그러던 어느 날 낯선 한 사람이 율리아네 집 마당을 쓸고 있었다. 처음에는 동네 이웃인 줄 알았는데 철거가 시작되고 중장비가 동원되어 벽을 부수는데 날렵한 사람만이 작업할 수 있는 장소에 그가 올라가 벽을 부수는 게 아닌가.

"형님 아는 분이세요?"

손위 동서에게 물었다.

"응. 친구야. 그냥 놀러왔다가 나만 일하니까 심심하다며 좀 도와주는 것이니 신경쓰지 마."

"저야 고맙지만……"

심심해서 친구를 도와준다던 그는 이튿날도 왔고 그 다음날도 길에서 먼지가 난다며 물뿌리개로 물도 뿌렸다.

"형님. 저분 일당이라도 드려야겠어요."

"놔둬. 심심해서 하는 거니까."

"심심하면 오락실을 가야지 왜 건물 철거를……"

"사실은 저 친구 목수야. 일한 지 오래됐지."

"근데 목수가 여길 왜 오는 거죠?"

"놔둬. 심심해서 하는 거니까."

"아니, 어떻게 놔둬요. 더구나 형님 친구라며요."

"놔둬. 심심해서 하는 거니까."

새벽부터 윤이 나도록 길을 쓸고도 모자라 자동차가 다니기 미안할 정도로 물을 뿌려가며 청소를 하고 여느 인부들 틈에서 밥도 먹고 참도 먹고 이미 동료처럼 농담도 하는데 그냥 놔두는 건 도리가 아니었다.

"저기, 아저씨. 아니다. 형님 친구분. 아니, 형님. 기왕 오셨으니 일을 하는 건 어떠세요."

"아니, 그냥 심심해서 온 건데……"

"다만 제 성미가 까다로와요. 형님이 아니라 목수로 대하겠습니

©박영채

다."

의외의 상황이었지만 다행한 일이었다. 초짜 집수리쟁이와 함께 일할 목수를 구할 뾰족한 대책도 없는 상황에서 그만한 경력을 가진 사람이 심심함을 빙자하여 스스로 왔다는 것과 손위 동서의 친구라는 점은 좋은 일이었다. 일을 하다보면 의견 차이가 생기기 마련인데 그럴 때마다 동서가 중재한다면 다툼의 가능성도 적기 때문이다. 토끼처럼 날랜 체형답게 체중이 무겁지 않은 사람만이 할 수 있는 일을 도맡아 했고 솜씨가 좋아 창틀이나 외부조명 같은 어려운 일을 그가 해결했다. 일손이 부족하면 동료들을 불렀고 나와 그들 사이를 통역했다. 무엇보다 잘된 건 조언자가 생긴 것이다.

"김 소장. 내 말 오해 말고 들어요. 어떤 걸 원하는지 잘 알겠는데 똑같은 결과를 얻더라도 김 소장이 하는 방식은 너무 어렵고 오래 걸려요. 어려우면 결과도 신통치 않고. 괜찮다면 이런 방법도 있는데……"

대부분은 그의 의견을 따랐다. 굳이 나의 요구를 관철시키자면 어려운 일이 아니겠지만 누구의 요구로 시작되는 일과 자발적 결정의 차이는 클 수밖에 없기 때문이다.

집을 짓는 동안 그가 해결해준 나의 곤란은 한 가지가 더 있었다. 전기공사였다. 원래 공사를 맡았던 권 사장이 율리아네 일을 그만두면서까지 추진했던 새로운 일이 잘 안 풀리자 다시 와서 일하겠다고 했으나 그럴 수는 없었다. 그럼에도 공사하던 사람이 사라진 현장을 맡으려는 사람을 찾는 건 어려웠다. 공사를 그만둘 만한 무슨 이유가 있을 거라는 추측 때문이기도 하지만 그런 관습을 유지함으로써 서로 간의 입지를 해치지 않으려는 그들만의 의리 때문이었다.

"김 소장. 이러다 율리아가 입주를 못할 수도 있겠다는 생각이 드는 거야. 전깃불이 안 들어오면 사람이 살 수가 없으니. 정 기술자를 구하지 못하면 말을 해요. 한번 알아볼 테니."

"생각해볼 게 뭐가 있어요. 얼른 오라 해요. 근데 누군데요?"

"으응…… 있어. 내 동생. 진천 사는데 엊저녁에 전화해봤더니 바쁜 농사일은 대강 끝났다고 하더라고. 송아지가 새끼도 다 낳았고."

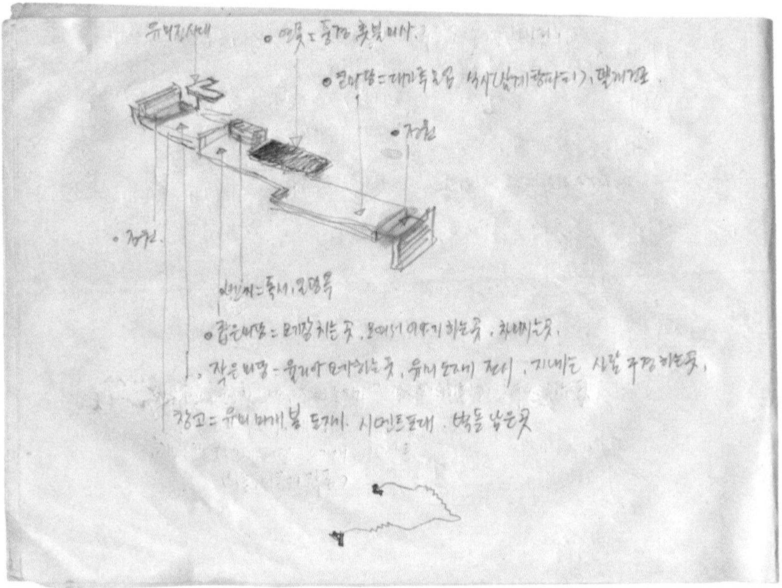
• 정원
• 정원.

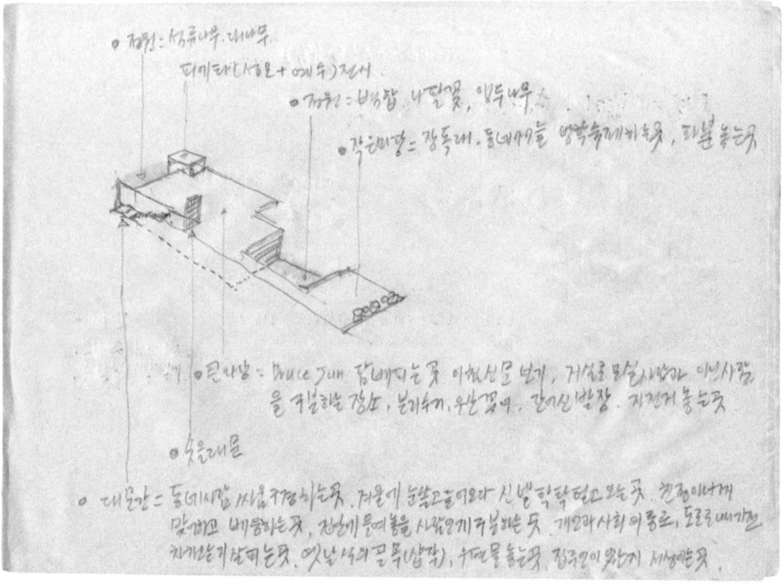
정원 = 석류나무, 대나무
솟을대문

©박영채

수리수리
집수리

마당의 수리 · 어둠의 수리

집수리 전

철거

1층

2층

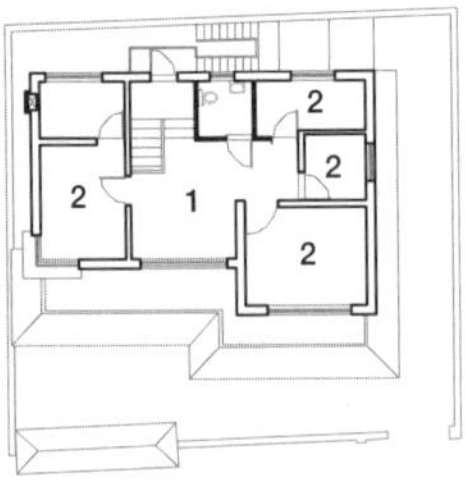

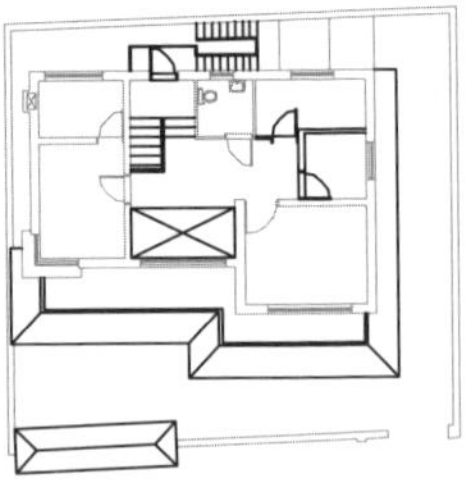

1 거실 **2** 방 **3** 마당 **4** 부엌 **5** 식당 **6** 덱 **7** 창고 **8** 현관 **9** 트임 **10** 연못 **11** 대문

수리

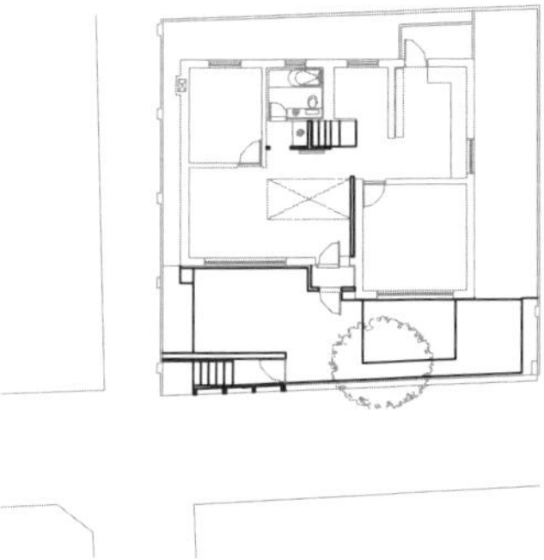

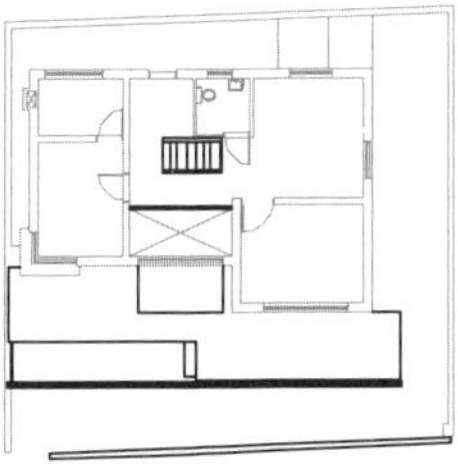

집수리 후

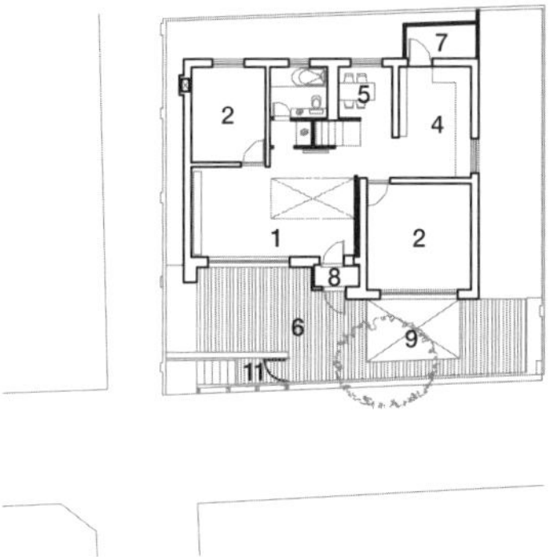

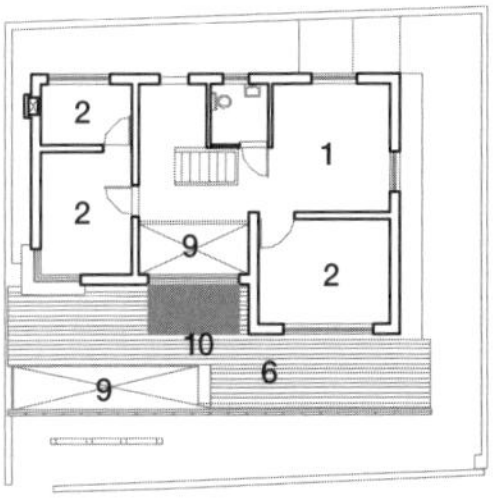

마당의 수리

마당 없는 마당

바깥 공간은 복잡했다. 땅속에 묻힌 두 개의 장독, 현관에 오르는 외부 계단. 한쪽 팔만 펼쳐지는 빨래건조대, 양쪽 팔이 모두 펼쳐지는 빨래건조대, 라일락나무와 단풍나무와 그 가지에 붙들어 맨 빨랫줄과 그곳에서 마르고 있는 빨래들, 딸의 작품인 누드 조각상과 주석판으로 만든 십자가상과 힘을 주어 들어도 코도 들썩하지 않는 두 상자 분량의 도자기 작품 박스, 빗물로 채워진 항아리, 에어컨 실외기와 그 위에 놓인 반쯤 열린 공구 박스, 수석, 펑키가 생산한 것으로 추정되는 강아지 똥. 군자란 화분, 국화 화분, 행운목 화분, 오지 화분, 도기 화분, 자기 화분, 담장을 따라 심긴 나팔꽃, 주목, 벼락 맞은 감나무, 계단과 벽의 모서리에 있는 오래 묵은

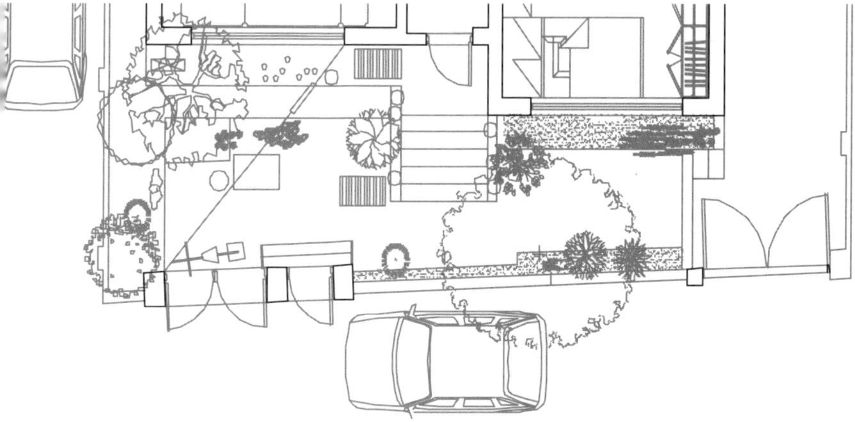

모란, 국화, 배롱나무, 석류나무, 대문에 비스듬히 서 있는 예배당 식 장의자, 빗자루, 삽자루, 부러진 괭이자루…… 이곳에 없는 하나는 빈 마당이었다.

열 수 없는 대문

대문은 열리지 않았다. 녹슨 대문은 경첩이 꺾였고 늘어진 문을 들어올려 문 안쪽에 기대어 있는 예배당 의자를 밀친 후 회전하는 문의 궤적을 피하려면 대문턱을 내려와 도로에 서야 했다. 율리아네가 대문을 고치지 않고 세입자가 사용하는 문을 통해 그들의 안방 창문을 거쳐 현관에 들어서는 먼 길을 택했던 이유다.

반지하

지하의 절반이 지상으로 노출되면 지하층의 주거 환경을 개선해주는 이점이 있다. 그런 반면 1층과 마당과의 거리는 반층이 들어올려진 만큼 멀어지고 그것을 연결하는 계단의 크기만큼 외부 공간은 줄어들고 지하층 거주자는 높은 창문을 통해 마당을 바라볼 수는 있지만 그렇다고 사용할 수는 없다. 덕분에 현관문을 열면 마당이 아니라 마당이 바라다보이는 곳이 된다. 개념적으론 1층과 지하층이 마당을 공유한다지만 실제론 둘 다 마당으로부터 멀어지게 된다.

눈썹지붕

경사지붕의 일부를 떼어내 인조눈썹처럼 붙였다고 해서 생긴 이름으로 예전에 주택을 지을 때 유행했다. 난간으로서의 기능보다 수평선을 강조하여 안정감을 갖게 하는 의장적 수단이다. 단점은 '눈썹의 크기'만큼 외부 공간이 축소되는 것이다.

도로에 면했던 대문을 마당 안으로 들여오며 고샅이 생겼다. 그곳에서 손님을 맞고 배웅하며 이웃과 만나 인사를 나눌 수 있다. 반층 아래에 있던 마당에 1층 높이의 데크를 만들어 정원과 마당을 분리했다. 이제 현관문을 열면 '마당이 바라다보이는 곳'이 아닌 진짜 마당이 있다.

©박영채

눈썹지붕을 없애자 제법 커다란 공간이 나왔다. 그 대신 '손가락형' 난간을 만들어 바람과 햇볕은 받아들이면서, 고시원 아저씨와 옆집 총각을 보호했다. 저기 보이는 연못은 딸이 만든 도자기를 진열하는 곳이기도 하지만 햇볕을 반사시켜 실내의 깊은 곳과 1층의 거실까지 밝게 만드는 핵심적인 역할을 한다. (어둠의 수리 참조)

©박영채

어둠의 수리

어두운 남향집

'삼대가 공덕을 쌓아야 남향집에서 살 수 있다'는 남향집에 대한 신뢰는 옳을까? 남향집은 겨울이면 태양의 고도가 낮아져 빛이 깊이 들어오고 여름이면 그 반대가 되어 실내공간을 쾌적하게 만드는 합리적인 방위각이다. 그렇다고 볕이 골고루 들어오는 것은 아니다. 거실, 안방이 남쪽을 차지하면 나머지 공간들은 다른 곳에 배치될 수밖에 없으므로 결국 어두운 계단실, 어두운 건넌방, 어두운 부엌, 어두운 창고가 만들어진다. 그것은 선택이라기보다 밝음으로부터 소외된 결과일 뿐이다. 남향의 미덕보다는 그로 인한 환경적 우열에 주목해야 하는 이유다.

©박영채

©박영채

©박영채

©박영채

2부

김 교수네 집 수리

2 0 1 1

집수리,
사람들

건축은
분장과 같습니다

김 교수

"이번이 몇 번째 집수리인가요?"

"두 번……"

"건축가는 공간을, 안무가는 무용을 통해 자신의 생각을 표현한다는 의미에서 비슷하다고 생각해요. 우리집은 이십 년 전쯤에 수리를 했는데 어찌나 꼼꼼하게 했는지 지금까지 별 문제없이 잘 지냈어요. 김 목수라고 부르면 되나요?"

"네."

"김 목수님, 잘해주세요. 알아서."

알아서

강남의 어느 타일 가게. 김 교수와 난 바닥에 깔 연두색과 검정색 타일을 놓고 고민했다. 둘 다 마음에 들다보니 오히려 고를 수가 없었다.

"하나를 고르시죠."

"음…… 건축가가 골라야지? 이 집을 가장 잘 아는 사람이니. 알아서 해주세요. 호호호."

'알아서'는 그녀가 흔히 쓰는 말이다. 그렇다면 '알아서'는 어떻게 해석되어야 할까? 말 그대로 '난 상관을 안 할 테니 당신이 모든 걸 결정하라'는 의미로 해석하면 아무 탈이 없을까? 내 경험이 맞다면 '당신 맘대로 선택하되 내가 찬성할 만한 것 중에서 나에게 묻지 말고 스스로 선택하라'에 가깝다. 만약 그 반대의 선택을 한다면 “내 맘에 드는 범위 내에서 했어야죠, 알아서”라는 반응이 돌아올 수 있는 그런 ‘알아서’라는 것이다. 그녀가 ‘이것’ ‘저것’ 지칭하지 않고 ‘알아서’라는 모호한 말을 쓰는 이유는 교수 생활을 오래해서인 듯하다. 학생들이 안무를 짜거나 작품을 구상하면서 스승의 의향을 구할 때 곧바로 ‘예스’나 ‘노’로 대답할 수도 있지만 그것은 학생들의 창의적 행위를 중단시킬 수도 있다. 제자에겐 스승의 의중이 중요하므로 이 경우 ‘알아서’라는 말은 참 적당하다. 자유를 주면서도 결과에 대한 책임을 지게 하고 동시에 ‘알아서’에 포함된 스승의 속마음을 고려하지 않을 수 없게 만들기 때문이다. 그렇지만 그건 학생에게나 통하는 말이다. ‘알아서’를 집수리에 적용하면 자칫 불필요한 비용이 들거나 수정하기 곤란한 결과가 생길 수도 있다. 가령 타일을 내가 ‘알아서’ 골라 시공을 했는데 결과가 마음에 안 든다면 그땐 어쩔 것인가. 뜯어내고 다시 공사를 한다면 그 손해는 ‘알아서’를 잘못 해석한 자의 몫인지, ‘알아서’는 바로 ‘이것’ 혹은 ‘저것’이라고 분명히 말하지 않은 건축주의 몫인지도 시빗거리가 될 수 있다. 그런데도 김 교수는 끝까지 ‘알아서’의 용처를 정해주지 않았다. 다만 ‘알아서’의 뜻이 무임無任도 방임放任도 일임一任도 아닌 책임責任이 포함된다는 것을 마지막의 반응을 통해 알려줄 뿐이었다.

“타일 좋네. 알아서 잘했네요. 호호호.”

그렇다면 집수리를 의뢰한 사람 모두가 이럴까? 사례를 한번 보자.

'내가 뭘 원하는지 말 안 해도 아시죠?'형

상대가 자신의 속마음을 뒤지게 만든다는 의미에선 '알아서'와 비슷한 타입이다. 차이점은 '알아서'형은 결과를 보고 '알아서'에 대한 해석을 잘했는지 아닌지를 알 수 있으므로 피해가 대폭 크거나 아니면 대만족으로 끝나지만 '내가 뭘 원하는지 말 안 해도 아시죠?'형에게는 당장 '네'라고 하기보다 매번 "이걸 말씀하시는 거죠?"라는 되물음이 필수다. '무한신뢰'로 받아들이면 패가망신.

'맘대로 하세요'형

건축주로부터 이 말을 듣고 '기어이 나의 시대가 왔구나. 메디치를 만난 거야'라고 생각하면 곤란하다. 여기엔 몇 단계의 위기가 도사리고 있는데 '그런 건 나에게 묻지 말고 스스로 판단하세요'라고 해석하는 것이 일단 안전하다. 그리고 정말로 맘대로 하라는 듯, 혹은 그냥 손을 놓은 듯하지만, 한두 번의 은밀한 '잠행'을 통해 '맘대로 하세요'에 포함된 자신의 믿음을 건축가가 어떻게 해석하고 있는지 확인할 때까지 기다려야 한다. 중요한 것은 첫번의 '잠행' 시점에서 건축주의 새로운 판단이나 유보를 결정할 수 없는 지경까지 일을 진행해서는 안 된다는 것이다. 운이 좋으면 적중될 수도 있지만 반대의 경우라면 자신의 개입을 방해하는 사람으로 낙인찍힐 수 있어서다. 이것은 물론 누명이다. 분명 '맘대로 하세요'라고 하지 않았던가. 그러나 세상이 어디 그런가. 따라서 현명한 사람은 그의 잠행을 촉진시키는 예비적 액션을 은밀히 부추겨 '새로운 판단'을 신속하게 할 수 있도록 유도해야 한다. 만약 당신이 이 단계를 무사히 통과한다면 그 이후는 정말 '맘대로 하세요'가 된다. 진짜 메디치를 만난 것이다.

'알아서'형

이 타입은 무관심형과 숙제검사형으로 다시 나뉘는데 김 교수의 경우는 후자이다. 무관심형은 태생적으로 무관심이 몸에 밴 사람이다. 그야말로 아무 생각 없이 정말로 '알아서' 하라는 것인데도 그 말을 의심하거나 다른 속뜻이 있지 않을까 번번이 확인한다면, 그것이 무관심을 각성시켜 숙제검사형으로 진화될 수도 있다. 그곳이 바로 지옥이다.

'파티'형

사람 좋아하는 호인들이 여기에 많이 속한다. "와우, 멋져요, 엑설런트, 구웃." 이 말을 곧이곧대로 믿으면 여기도 지옥이다. 왜냐하면 그는 당신의 설계안을 가지고 자신의 지인들을 순례하며 자랑할 것이기 때문이다. "이 설계안 어때?" 그는 건축가의 아이디어를 화제로 지인들과 파티를 하고 싶은 것이다. 문제는 그것이 끝이 아니라 지인들의 의견을 낱낱이 기억하여 건축가에게 다시 알려준다는 것이다. "누가 그러던데 이 아이디어는 어때요?" 이렇게 되면 설계비가 아까워진다.

'협력하여 선善을 이루는'형

종교건축에서 가끔 있는 일이다. 관계자들이 몇몇 건축가를 선임하여 공개경쟁을 시킨다 해도 각자가 지지하는 건축가가 다르기 마련이어서, 자신이 지지하는 사람은 A인데 당선이 유력한 건축가는 B일 경우가 생긴다. 외부 인사들이 심사를 한다면 객관적인 토론으로 이어질 수 있지만 내부인들끼리 심사하는 경우엔 관계자가 자신의 의견을 말하기 어렵다. 오해를 받을 수 있다는 생각이 미리 들어서다. 그렇다고 상대가 지지하는 사람이 당선되는 꼴은 죽어도 못 본다. 결국 C를 당선시킨다. 신의 이름으로.

'리사이틀'형

이 유형은 설계 제안 당시에는 대개 만족스러워한다. 그렇다고 그걸 '피니시finish'로 오해하면 그 또한 생지옥이다.

"제 조카가 건축과에 다니는데요. 물론 암것도 모르죠. 지가 뭘 알겠어요. 겨우 2학년인데요. 그냥 한번 참고하세요."

그렇다면 정말 참고만 해도 될까? 이런 유형들에겐 대부분 연장전이 있다.

"별 중요한 얘기는 아닌데요, 제가 어제 한번 생각해봤어요. 욕조는 로얄토토 C-0000호고요, 수전은 아메리카 스탠다드 A-0000

타입이고요. 문은 B사 제품이고 그리고 평면에 치수가 다 있으니 그냥 참고하세요. 아참, 그리고 현관문 열쇠는 독일 히틀러 사 제품인 괴링으로요. 그냥 참고만 하세요."

그렇다면 정말 참고만 해도 될까? 이런 유형들에겐 대부분 패자부활전도 있다.

"제가 심심해서요, 오토캐드와 스케치업과 포토샵을 배워봤어요. 요샌 프로그램 다운받기도 쉽고, 막상 배워보니 설계란 게 암것도 아니더라고요. 심심해서 평면도와 대문 힌지hinge 상세도면과 정화조 배관 투시도 한번 그려봤으니 시간 날 때 그냥 한번 보세요."

그렇다면 정말 시간 날 때 보기만 해도 될까? 그땐 대지옥(배경음악: 바그너의 〈발키리의 기행〉)을 경험하게 될 것이다.

'나폴레옹'형

멤버십 회원들을 위한 공동 프로젝트를 할 경우에 많다. 만약 열 명의 회원이 모였다면 그 구성 비율은 대개 비슷하다. 두셋이 '열성파', 서넛이 '맞장구파', 나머지는 '미소파'다. 이중에서 제일 파악이 어려운 사람들이 바로 '미소파'인데 이들은 막상 의견을 구하면 별 말이 없는데도, 그냥 침묵하면 비협조자라는 낙인이 찍힐까 봐 열성파의 의견에 미소로써 찬성을 표한다. 물론 미소는 진실이 아니다. 불편이 성가실 뿐. 이런 속성을 잘 아는 사람이 그룹의 리더가 된다. 동의(절차뿐이지만)를 구하지 않으면 탈이 나고 그렇다고 세세히 알려줘도 탈이 나는 지점을 잘 아는 사람으로, 그의 속마음은 애초부터 정해져 있다. 좋은 집보다는 문제없는 집을 짓고자 하는 것이다. 더 영리한 사람이라면 이런 다수의 속성을 이용하여 자신의 속셈도 해결한다.

'같이해요'형

예술가들이 많다. 스스로 설계를 할 수 있다고 믿는 예술가들 말이다. 그들이 설계를 의뢰하는 이유는 건축가의 아이디어를 구한다기보다 자신이 모르는 부분에 대한 염려 때문이다. 불안을 잠식시킬 가정교사가 필요할 뿐인 것이다.

"건축가님, 제 생각대로 하면 혹시 건축법상 문제라도 있나요?"

"네. 조금."

"그렇다면 이런 방법은?"

"네. 약간."

"그렇다면 요런 방법은?"

"네. 쪼까."

"그렇다면 저런 방법은?"

"A little."

'순례자'형

"며칠 있으면 거기도 찾아갈 겁니다. 중키에 얼굴은 동글납작하구요. 코 옆에 콩만한 점이 하나 있어요. 예전에 영화감독을 꿈꾸다 포기한 사람이라서 영화를 좋아하냐는 질문을 할 수도 있어요. 땅은 제주도인데 경사가 약간 졌구요. 저는 설계비로 '얼마'를 불렀어요."

순례자 소사이어티에는 건축가 리스트…… 아니 살생부가 있다고 한다.

"조○○? 걘 좀 건방져. 문○○? 걘 좀 징그롸. 김○○? 걘 좀 싹싹하지……"

'키워줄게'형

이들의 타깃은 신인 건축가로 접근 시점은 작품이 저널에 발표된 직후다.

"건축가 김재관 선생님이시죠? 발표된 선생님의 작품을 본 순간 '바로 이분이구나' 생각했습니다. 제가 대학로에 집 지을 땅을 하나 가지고 있어요. 뭐 크지는 않고 한 오천 평 되는데 현재는 유료 주차장으로 사용하고 있구요. 거기에 문화센터를 지으려고 합니다. 선대의 유지였거든요. 설계를 해달라는 제 청을 부디 거절하지 마소서."

문화사업가답게 스파게티 두 그릇과 한 병의 와인을 간단히 해치우고 나서 디저트로 티라미수 케이크 한 접시와 아이스크림 세 개를 먹었다.

©박영채

"다음 만남은 그 땅 위에서 하는 게 좋겠습니다. 무례한 바람일까요? 아니, 이런 낭패가 있나…… 이런 실수를 하다니. 선생님을 만난다는 기쁨이 얼마나 컸던지 깜빡하고 크레디트 카드를 안 가시고 나왔지 뭡니까……"

그 이후 그를 만난 적이 없다.

"어머어머, 그 사람이 벌써 갔구나. 미리 말씀을 드렸어야 했는데. 차비는 안 빌려줬나요? 저번 저희 잡지에 나온 건축가는 차비까지 줬다는데."

도루코

도루코는 김 교수의 애제자로 나와 말이 잘 통했다.

"김 목수님. 우리, 집이 아니라 살롱을 만들어요. 동네 사람들도 수시로 들르는. 특히 거실은 데크와 연결해서 문을 열면 하나의 공간이 되도록 하구요. 옥상은 넓게 해서 주민과 노인들을 대상으로 춤을 가르칠 수 있도록 해요."

때론 속마음도 털어놨다.

"전 어릴 때부터 선생님께 춤을 배우며 이미 제 인생 전체를 의탁하기로 결심했어요. 춤의 세계에 그리고 선생님께. 그만큼 제게는 중요한 분이세요, 선생님은. 그런데도 선생님께서 슬퍼하셨을 때 충분히 울게 해드리지 못했어요. 옆에 오랫동안 있어드렸어야 했는데. 그게 너무 죄송해요."

때론 편이 되어주었다.

"다들 무식한 소리 하지 마. 이 설계가 일반적이지 않은 것은 설계자의 탓이 아니라 이 집이 특별하고, 선생님의 삶 자체가 특별하고, 이 집이 놓인 주변이 특별해서야. 상황이 이렇게 특별한데도 아파트 같은 설계가 나온다면 그것이 정말 특별한 문제야. 그러려면 아파트로 가지 왜 여기서 살겠어. 이 집은 아무나의 집도 아니고 누구나의 집도 아니고 이 동네에 사는 선생님의 집이어야 해. 그것이 바로 특별하지 않으면 안 되는 이유야."

때론 날 배신했다.

수리가 절반쯤 되었을 무렵, 외부에서 사용하던 벽돌이 내부에서 쌓일 즈음 김 교수와 제자들이 들이닥쳤다. 오밤중에. 그녀가 현장에 오는 때는 나의 요청이 있거나 나에게 단팥죽이나 물회를 사주러 오는 정도였다. 대부분은 전화로 이야기를 나누었고 '알아서'로 끝이 났는데 그날은 여러 제자들을 대동한 것이다. 인부들의 방뇨 냄새. 그녀들의 향수 냄새. 롱코트. 여우목도리……

"어머어머, 이거 어째, 페인트가 묻었잖아. 난 몰라. 이거 드라이도 안 되는 옷인데……"

이윽고 도루코가 나섰다.

"내가 이야기 좀 할게. 다들 조용히 해봐. 선생님, 추우시겠지만 제가 이 말은 도저히 하지 않을 수가 없네요. 제가 말을 할 수 있도록 허락해주세요. 네? 선생님."

©박영채

"…… 그래요. 이 교수."

"김 목수님. 오해 말고 들었으면 해요. 왜 건축주가 당신 작품에 적응하고 살아야 하죠? 이건 벽이 아니어요."

"그럼 바닥?"

"이건 벽도 아니고, 바닥도 아니고, 그냥 연탄재예요."

"……?"

"이 집은 연탄재로 둘러싸인 감옥이고 당신은 연탄재로 집을 만든 총감독이고 우리 선생님은 연탄재로 만들어진 집에서 평생을 사셔야 하는 피해자고요."

"피해자?"

"네. 피해자! 그리고 감옥!"

"이건 연탄재도 아니고 벽돌도 아니고 '전塼'이라는 고급 자재입니다."

"소용없어요. 우리가 연탄재로 느끼면 연탄재예요. 설혹 당신의 주장이 맞더라도 우리가 연탄재로 느끼는 것이 중요하다는 겁니다. 저 연탄재에 적응하려면 십 년이 더 걸릴지도 몰라요. 그러다가 선생님이 돌아가실지도 모르잖아요! 그땐 어쩔 거죠?"

그녀의 사금파리 같은 목소리가 벽에 부딪혀 깨어졌고, 칠부바지의 옷섶은 선생에 대한 연민인 양 맹렬히 떨리고 있었다.

"그리고 저기 저 난간, 마루, 모두 나무잖아요. 무슨 DIY도 아니고. 집이 너무 쌩生이야. 이런 집은 첨 봐. 완전 쌩……"

그녀의 '쨍~' 소리가 공간에 메아리칠 동안 김 교수는 그 어떤 말도 하지 않은 채 손수건을 꺼냈다. 나는 그런 갑작스러운 광경이 기막혔고, 김 교수의 침묵에 서운함을 느꼈지만 "지금 도루코가 하는 말이 당신의 의견과 같나요?"라고 묻지 않았다. "이건 저랑 이미 이야기가 끝난 것 아니었어요?"라고도 묻지 않았다.

"김 목수님, 내일 점심에 다시 만나서 이야기해요. 오늘 한 이야기에 대한 충분한 대안이 없다면 우리가 다시 만나 집에 대해서 말하는 일은 없을 거예요. 죄송해요, 선생님. 추운데 오랫동안 계시게 해서."

"저요?"

"아뇨! 선생님요!"

이튿날 도루코는 그녀가 존경해 마지않는 김 교수와 함께 내 앞에 앉았다. 책상에 놓여 있는 두툼한 책들 사이에 수많은 포스트잇이 타르초처럼 나부꼈다. 그건 '쨍'이라고 천시했던 나무 계단을 대신할 만하다고 생각되는 외국의 사례와 고급스런 욕실과 조명기구 등이 채집된 잡지였을 것이다. 둔한 나라도 그 정도는 안다. 저 잡지의 한 페이지가 열리고 그것을 향해 '그렇다' 혹은 '아니다'가 논의되는 순간, 목수로서의 내 명예는 끝이라는 사실을. 그리고 다시는 내 말에 대한 권위를 찾지 못하리라는 것을.

"건축은 문장과 같습니다. 문장을 이루는 품사들은 저마다 용처가 다릅니다. 당신이 지적한 연탄재가 있는 곳은 계단의 시작이자

욕실의 입구이며 마루를 오르는 첫 단이기도 합니다. 이 세 가지 기능을 동일한 높이로 맞추라는 것은 문장을 해체하고 단어만 한 줄로 나열하자는 것과 같습니다. 그리고 왜 매번 밤중에만 기찰을 나오는 겁니까? 불이 없는 밤에 연탄재 아닌 것이 어디 있나요? 볕 좋은 낮에 오셔서 공간을 보세요. 대패 면에서 꺾이는 빛의 존엄과 함께. 그러고 나서도 감옥이라고 말한다면 그땐 연탄재를 부수겠습니다."

어느 화창한 날 현장을 다시 찾은 도루코로부터 전화가 왔다.

"집이 너무 좋아요, 선생님(평소엔 '김 목수!'라고 불렀다)."

©박영채

영화

김 교수네 이웃에 사는 휘발유가 찾아왔다.

"소장님. 영화 있잖아요? 그 사람 화가 많이 났던데요. 오늘 낮에 인부들이 옥상 위로 나무를 나르다가 몇 개가 그 집으로 떨어졌는데 그걸 일부러 던졌다고 생각하는 거예요. 암튼 빨리 만나보세요. 지금 주거 침입이라고 난리입니다. 더군다나 인부들이 자기를 능멸했다는 겁니다."

김 교수네 옆집에 사는 영화는 유명한 민원 대장이었다. 거주자 우선주차를 자신의 집 앞에 유치하기 위해 몇 달 동안 공무원을 들볶았다거나 지나는 차량이 자기 집 나뭇가지를 스쳤다고 고발했다는 등의 소문이 자자했다. 서둘러서 권씨를 찾았다.

"권씨 아저씨, 그 집에 나무 떨어뜨렸습니까?"

영화네 집 마당에 떨어진 아름드리 통나무들.

"점심 먹자고요?"

"옆집에 나무를 떨어뜨리고 그 집 담을 넘어가서 영화를 능멸한 후 떨어뜨린 나무를 다시 가져왔냐고요."

"퇴근하라고요?"

권씨는 가는귀를 먹은 사람이었다. 일이 더 커지기 전에 서둘러 영화를 만났다.

"영화. 미안해요."

"본 사건의 경위를 말하면 금일 아침이었습니다. 갑자기 천지가 진동하고 벼락이 치는 듯한 소리가 들렸습니다. 그러나 저는 밖으로 나올 수가 없었어요. 왜냐하면 생명의 위협을 느꼈던 거죠. 오랫동안 마음을 진정한 후 간신히 밖엘 나왔더니 이따만한 아름드리 통나무 15개가 우리집을 덮친 겁니다. 물론 사진도 다 찍어놨습니다. 더 화나는 것은 그 인부들이 담을 넘어서 그 통나무를 가져가려는 것이었습니다. 제가 불렀죠. 그런데 암만 불러도 대답조차 안 하는 거예요. 나를 무시하는 거잖아요?"

"영화. 무시가 아니라 무지입니다. 게다가 그는 귀머거리입니다. 못 들어요. 영화께서 좋아하시는 〈쉰들러 리스트〉에 이런 말이 나오더군요. '진정한 힘이란 권력을 가진 사람이 힘없는 사람을 용서하는 것'이라고요. 우리는 힘이 없습니다. 그러니 용서하소서."

그는 결국 김 교수를 고소했다. 수리된 집이 앞으로 튀어나와 자신의 집이 길에서 안 보인다는 이유에서다. 하지만 그럴 리가 없다. 건축법의 한계로 인해 집이 돌출되는 것이 불가능하기 때문이다. 그가 하고 싶은 말은 혹 이런 것이 아니었을까? '옆집을 수리하니 우리집이 낡아 보여 화가 난다.' 눈치 빠른 판사는 판결 대신 조정을 권했고 우린 그것을 받아들여 십일만 원보다 적은 돈에 합의했다.

도리구치

동네 사람

"책임자가 누구요?"

"접니다."

"짧게 말하죠. 다 알다시피 우리 차는 임시번호판 상태요. 아주 새 차지. 얼마 전 여기 인부들이 우리 차를 치워달라고 했소."

"일을 하려고 양해를 구한 걸 겁니다."

"어쨌든! 맞잖아? 치워달라고 했던 것은! 근데 차를 치우다가 기스 났다는 것이 중요해. 그것도 임시번호판 차에 말이지. 이거 어쩔 거야…… 그런데 더 중요한 사실이 있어. 오늘 보니까 또 기스가 난 거야. 이건 분명히 일부러 긁은 게 틀림없어. 사실 우리 차를 현장 앞에 대놓으면 공사하는 데 지장이 많거든. 그걸 아는 사람은 당신과 나밖에 없는데 설마 우리 차를 내가 스스로 긁었겠어? 그럼 당신밖에 없는 거잖아?"

어두운 지하실은 그의 눈빛으로 환했다.

얼마 후 그가 다시 찾아왔다.

"오늘 아침였어. 휴우~ (이마를 짚으며) 갑자기 경찰이 와서 잠자는 나를 깨우는 거야. 차를 빼라고. 현장 앞에다 주차를 하면 또 기스가 날까봐 남의 집 앞에 주차했는데 이번에는 그 되놈이 경찰에 신고를 한 거야. 불법주차라고. 한 동네 살면서 말이지."

"네에. 저도 그 경찰차를 봤습니다. 한참 차 주인을 찾더라고요."

"봤는데도 나에게 말을 안 해? 일부러 말을 안 한 거지? 엿 먹으라는 거잖아?"

"아뇨. 눈이 많이 쌓였고 저는 2층에 있었기 때문에 누구 차인지 몰랐습니다. 위에서 보면 번호판은 안 보이고 온통 하얗거든요."

"좋아. 그것보다 더 중요한 게 있어. 차를 빼다가 당신들이 세워 놓은 쓰레기더미에 차 옆구리를 또 긁었다는 거야. 쓰레기를 일부러 거기 놓은 거지? 차 긁으라구!"

철물점 아저씨

동네 사람

"사장님. 삽자루 하나 주세요. 그리고 그라인더 칼날 좀 주시고요."

"삽은 구천 원이고 그라인더 날은 얼마더라……"

가격을 잘 모르시는 것 같아 내가 대신 알려줬다.

"한 개에 오백 원요."

"오백 원? 누구한테 샀어요?"

"사모님요. 오백 원에 열 개 샀지요. 저번에."

"이 여편네를 확!"

구청 공무원

동네 사람

끼익. 현장 앞에 한 대의 오토바이가 섰다. 가볍게 헬멧을 벗으려 했으나 머리가 컸다.

"우리 치킨 배달 안 시켰는데요?"

"구청에서 나왔는데요. 민원이 들어왔습니다. 내용이 뭡니까?"

"그건 내가 모르죠. 민원을 받은 당신이 알지."

"자기 집이 작게 보인다…… 이런 거로 민원을 넣다니. 환장하겠네. 추운 날 오토바이 타면 얼마나 추운지 알아요? 공무원은 추위도 안 타는 줄 아나봐."

"영화가 민원 넣었죠?"

"아니 그걸 어떻게……?"

"상습범이니까."

비니 잡부

수리하는 사람

쇠 난간에 방청防錆페인트(페인트를 칠하기 전에 녹이 슬지 않도록 쇠의 표면에 바르는 페인트로 광명단光明丹, 녹막이라고도 하며 현장 용어로는 사비도메さび止め라고도 한다)를 칠하기 위해 잡부 한 명을 인력시장에서 불렀다. 까만 비니 모자를 눌러쓰고 로키 가방을 맨 깔끔한 청년이었다.

"오늘 할 일은 페인트를 칠하는 것입니다."

"예? 페인트요? ……오늘 일 안 할래요."

"아니 왜요?"

"작업복 산 지 며칠 안 되었거든요."

"아…… 네. 근데 작업복이니까 결국 더러워질 것 아닐까요?"

"잡부도 패션은 있어요."

인텔리 잡부

수리하는 사람

대학을 나왔다는 소문을 들었다.

그래서인지 고분고분하지 않았다.

"아저씨, 이 일을 하세요."

"일은 사장님처럼 하면 안 돼요. 순서가 있는 겁니다. 네?"

"네에……"

그래서인지 까다로웠다.

"막걸리 한잔 드시죠."

"난 총각김치 없인 절대 안 먹습니다."

그래서인지 수줍어했다.

"아저씨, 왜 담배를 숨어서 피우세요. 여기 금연 현장 아닙니다."

"그게 아니라…… 교회 전도사였거든요."

풍신風神

모자 끈이 턱까지 내려와 얼굴을 조이는 중공군 모자를 쓰고 몸집만한 배낭을 메고 다니는 분이었다.

"페인트칠할 줄 아세요?"

"이거만 사십 년째 입니다. 페인트 원액 있습니까? 너무 묽어 도마리(페인트칠)가 안 붙어요. 그리구 로라(롤러) 작은 것 주시고 이 붓 말고 밥숱이 두꺼운 것을 주세요. 지금 붓은 밥이 작아 너무 손이 자주 갑니다. 큰길가의 페인트 가게로 가셔서 '송씨'라는 이름을 대면 제가 평소 쓰는 붓을 줄 겁니다."

"'송씨'라면 다 안단 말이죠?"

"이거만 사십 년째입니다. 붓으로 할까요, 후끼(스프레이건)로 뿌릴까요?"

"그런 건 없는데……"

"우리집에서 가지고 올까요? 우리집이 바로 요 너머입니다. 제가 연희동 아파트에서 사십 년 살다가 재개발 땜에 이사 갔어요. 여기 화장실 가려면 저기 저 밑에 주민센터로 가야 되죠? 중국집 시키면 이품에서 시키고 한식은 민속식당에서 시키죠?"

"어떻게 그런 걸……"

"현장에서 목수들이 사용하는 콤프레샤(컴프레서) 있죠? 그걸 이용해서 기계로 뿌리면 쉽고 빠르고 고릅니다. 붓으로 하면 아무래도 자국이 나거든요. 오늘은 그냥 붓으로 칠하고 내일 검정 페인트로 하는 마감은 후끼로 뿌리겠습니다. 이거 일도 아닙니다."

드디어 임자가 온 것이다.

"저는 어디 가서 일하면 꼭 며칠씩 더 일해달라고 합니다. 저는 방수도 잘해요. 그깃 있죠 검정 시. 그것도 토치램프로 달궈서 미장 고대로 누르면 백발백중이에요. 예전에는 방수하고 물을 담아 며칠씩 확인했잖아요. 그거 다 구식이에요. 그것뿐이 아니라 미장, 타일, 아스팔트 슁글(지붕널), 설비까지 다 해요. 아시다시피 현장을 하다보면 일용직을 쓰기에는 반나절 거리밖에 안 되니까 할 수도 없고 안 할 수도 없는 일이 있잖아요. 타일공은 하루 십팔만 원이잖아요. 반나절 일했는데도 하루 일당을 줘야 하니 한마디로 아깝죠. 그래서 요것조것 다 할 줄 아는 반장이 있어야 하거든요."

"그쵸."

"혹시 빵 쪼가리 남은 거나 담배 있어요?"

어느새 현장 분위기를 다 파악하곤 자기를 정규직 작업반장으로 쓰라고 유혹을 했다. 하지만 반장으로 일하기엔 너무 나이가 든 듯했다.

"연세가……?"

"몇 살로 보이세요?"

"일흔둘?"

"헤헤, 틀렸어요. 도저히 못 맞추겠지요? 내가 나이보다 훨씬 젊어 보이니까. 사람들이 내 나이를 절대 못 맞추더라구요. 하긴 그건 내가 문제지 그걸 못 알아맞추는 사람들이 문제는 아니지. 내가 봐도 내가 너무 젊어 보이니 원. 일흔하나. 그래도 아직까진 끄떡없어요. 혹시 사장님은 벽돌 서른 장씩 메고 옥상까지 올라갈 수 있어요?"

"못하죠."

"저는 한 걸음입니다. 한번 해볼까요? 헤헤. 사장님 딱 보니 초짜인데요. 현장에는 저 같은 사람이 꼭 필요합니다."

"낼부터 나와요. 잘해봅시다. 풍신風神."

"근데. 풍신이 뭔가요?"

#1 그의 능청

"사장님. 조카가 아픈데 병원에서 나가란대요. 병원에 있어두 소용없다면서요. 그래서 요양원으로 들어갔는데 자식이 이제 고등학교 3학년이구 마누라와는 이혼을 했어요. 대전을 가는데 차비만 왕복 팔만 원이더군요. 그럼 그냥 와요? 조카가 아픈데. 아 그래서 이십만 원을 주고 왔지요. 근데 밥은 안 먹나요? 그러니까 대번에 한 사십만 원 쓰더라구요. 어떡해요 그럼, 돈이 없는데……"

"나더러 어쩌라구요."

"낼부터 차비가 있어야 출근을 하지요?"

#2 그의 자랑질

"사장님, 오늘 제가 벽을 다 깠어요, 돈을 안 들이려고 친구에게 뿌레카(브레이커)를 빌렸는데 안 되지 뭐예요. 아주 나쁜 새끼예요 그놈. 그렇지만 어쩌겠어요, 다시 빌려왔죠 뭐."

"잘하셨어요."

"쓰레기는 관리사무실 소장에게 말해서 며칠 동안 요 아래 자전거 세우는 곳에 놓으려고 해요. 나중에 쓰레기가 더 생길 텐데 한꺼번에 치우면 돈도 절약되잖아요."

"잘하셨어요."

"그리고 벽지 말이에요, 그거 죽어두 안 떨어져요. 아주 딱 붙었어요."

"어쩌죠 그럼?"

"아 그래서 제가 생각을 했죠. 어떻게 하면 잘 떨어질까. 아 그러는데 누가 세멘 물을 먹이라는 거예요. 벽지에다가요. 그래서 세멘

가는 눈을 뜨고 웃는 옆모습이 영락없이 풍신수길을 닮았다.

을 한 포 사서 물에 타가지구 롤러로 문질렀죠. 아 그랬드니 그게 금세 벗겨지는 거예요. 헤헤헤. 아주 깔끔하게요. 헤헤. 그래서 오늘 다 뗐지 뭐예요."

"잘하셨어요."

#3 그의 약 올리기

건물 바깥에 맨 가설재를 해체하기로 한 사람들이 오지 않았다. 며칠이 지나고 더이상 미룰 수가 없어 풍신을 찾았다.

"풍신! 혹시 아시바(비계) 해체 작업도 할 줄 아세요?"

"아이참, 사장님두. 제가 안 해본 게 어딨세요."

'깔깔'이라는 해체기구를 능숙하게 돌려가며 볼트를 풀고 빼족한 기구로 반셴(굵은 철선)을 풀자 단단하던 아나방(철판에 구멍이 뚫린 구식 가설재)들이 주르륵 떨어진다.

"사장님, 조심하세요. 이거 하다가 발모가지 잘린 눔덜 숱해요. 아주 똑 끊어져요. 깨끗하게."

해체작업이 끝날 무렵 진짜 도비공(가설공)들이 나타났다. 다른 현장 일을 마치고 오다보니 좀(3일) 늦었다고 한다.

"어이~ 영감! 그걸 왜 풀고 그래. 우리 것을 누가 맘대루 풀구 지랄야."

"영감이라구? 칠십한 살이 영감이냐? 암튼 좋다. 좀 풀면 안 되냐? 우리 사장님이 그렇게 찾았는데도 사흘 동안 코빼기도 안 보이다가 이제야 나타나냐? 나더러 영감이라구 부른 새끼야."

"새~애끼라고라?"

도비공들은 성질이 매섭기로 유명한 족속들이었다. 세 명의 도비공들이 날듯이 달겨들었다.

"영감 너 죽고 싶어?"

"그래. 죽고 싶다. 돈 좀 벌어보자. 이래 봬도 우리 아덜이 시티은행 대출과장이다 빠가 새끼야."

"대출과장??"

도비공들은 길길이 날뛰었다. 풍신의 주특기인 '시간차 약 올리기 공격'이 제대로 먹힌 것이다. 욕이 끝났나 싶으면 다시 불을 지르고, 날뛰는 것이 진정될 만하면 다시 욕을 구사하는 체게바라식의 게릴라전이었다.

"개새끼 (십 초 후) 빠가 새끼 (십 초 후) 병신 새끼 (십 초 후) 등신 새끼 (십 초 후) 좀만 새끼 (십 초 후) 머저리 새끼. (돌아가는 그들의 뒤통수를 향해 마지막으로 한 방 더) 잘 가라, 개새끼들아."

결국 도비들은 아무 소득도 없이 돌아갔다. 사실 그들이 화가 난 정작의 이유는 풍신의 욕 때문이라기보다는 그에게 하루 일당을 빼앗겼기 때문이다. 만약 풍신이 없었다면 다른 대안이 없던 나로서는 자신들을 더욱 애타게 찾을 것이고 시간을 끌며 협상력을 높인 그들은 자신들의 뜻대로 일당을 높이려 했던 것인데 풍신으로 인해 계획이 물거품이 된 것이었다. 풍신은 집이 다 지어질 때까지 함께 일을 했다.

"근데 건축의 많은 종류 중에 왜 하필 조적(벽돌 쌓기)을 했나요? 미장, 목수 이런 것도 있잖아요."

"아버님이 목수였는데 목수는 힘들다고 해서요. 그 당시엔 목재를 전부 지게로 날랐거든요. 제가 봐도 그렇고. 그런데 조적은 재미있어 보이더라구요. 그래서 나도 좀 배워보겠다고 했더니 오야지가 너무 좋아하는 거예요. 그때만 해도 아버지가 큰 목수라 사람들에게 일을 나눠줬는데 그 아들이 자기 밑에서 배우겠다니 얼마나 반갑겠어요? 설마 아들이 오야지의 일감을 떨어지게 하겠느냐 이거죠. 대번에 공구들을 사주시더라구요. 그때부터지요 뭐."

"해보니까 재미가 있던가요?"

"아이구, 재미는요. 너무 힘들더라구요."

"헌데 아버님께서 허락을 하셨네요. 자식에게 대목을 물려주려고 하셨을 텐데 다른 일을 한다고 하니 섭섭했을 텐데요."

"뭐하러 그 힘든 일을 하느냐고 하시더라구요. 그래도 한번 해보겠다고 하니까. 암 말 안 하시더라구요."

"그럼 데모도(기공의 일을 돕는 조수)부터 시작했나요?"

"네. 근데 오래는 안 시키더라고요. 맛만 봤습니다. 다른 사람은 십 년도 더 하거나 그것도 재주가 없으면 평생 나르기만 하거든요. 왜냐면 기공이 되고 싶어하는 사람은 쌔고 쌨으니깐요."

#1

조적공은 비가 오는 날이면 일을 못한다. 벽돌이 비를 맞으면 무겁기도 하거니와 벽돌이 시멘트 모르타르를 흡수하지 않고 뱉어내기 때문이다. 더 중요한 건 수평을 맞추기 위해 띄운 실에 빗물이 묻으면 중력으로 인해 수평을 유지하지 못한다. 집으로 돌아가는 그를 붙잡고 술 한잔을 했다. 소주 한 잔을 빨듯 들이킨 그는 길게 한숨을 쉬었다.

"알다시피 조적은 이제 죽었습니다. 다들 공장에서 만든 물건들을 사용하다보니 조적을 하지 않아요. 간혹 있는 일이 뭐냐면 '땜빵' 정도입니다. 사장님이라면 자식에게 이런 일을 시키겠습니까?"

그 당시만 하더라도 벽돌 쌓는 일이 많지 않았다. 그의 눈은 우울했다. 곱게 뻗어내린 길쭈룸한 손과 갸름한 얼굴과 고른 말소리와 숨소리도 모두 우울했다.

"내일부터는 조공과 기공을 더 쓰면 안 될까요?"

"조공은 뭐고 기공은 무엇인지요?"

"기공은 저같이 쌓는 사람이고 조공은 저놈처럼 시다바리 하는 사람입니다."

"맘에 드는 기공이 있습니까?"

"예. 저보다 한참 나은 사람이 있습니다. 나이가 저보다 위인데 한번 보시겠습니까?"

"볼 게 무어가 있나요? 적신의 까다로운 성미를 감동시킨 사람이면 보나마나지요. 헌데 왜 윗사람을 쓰시나요? 젊은 친구들을 시켜야 부리기 좋지 않나요?"

"이건 일입니다. 젊은 애들이 있긴 하지만 가르쳐가면서 할 시간이 없고요. 그 형님은 제가 쌓는 것을 보면 다 압니다. 눈을 감고 손을 뻗어도 쥐어질 곳에 벽돌을 놓고 세멘도 벽돌이 척척 붙도록 찰지게 비벼놓거든요. 더군다나 사장님은 늘 다른 방식을 요구하지 않습니까?"

#2

"젊었을 땐 친구를 참 좋아했습니다. 마누라하고 친구 중에 고르라고 한다면 단연 친구를 꼽을 만큼요. 한번은 친구와 함께 전국 무전여행을 했어요. 돈 없이 고대(흙손), 사게부리(균형추), 먹줄만 가지고요."

"그건 왜 가져갔나요?"

"돈 떨어지면 일해서 차비 하고 그래야 하잖아요. 한번은 통영에서 차비가 떨어졌는데 어느 현장에 가서 일 좀 하자고 했더니 벽돌 쌓는 일은 없고 잡부 일을 주더라구요. 모래 나르는 일요. 그걸 하는데 저만큼에서 어떤 사람이 벽돌로 굴뚝을 쌓더라구요. 근데 벽이 넘어졌더라구요."

"넘어져요?"

"수직이 안 맞았다는 이야깁니다. 그래서 제가 '벽돌이 넘어갔다'고 했더니 이 사람이 욕을 하는 거예요. '이 씨발놈아, 잡부 일이나 잘해'라구요. 열이 받잖아요. 그래서 한판 붙었죠."

"그래서요?"

"이단옆차기를 한 방 날리려던 찰나 오야지가 와서 말리더라구요. 왜 그러느냐고 묻길래 벽돌이 넘어갔다고 했더니 오야지가 그걸 보고 그 새끼한테 욕을 하더라구요. 그랬더니 그놈이 고대를 팽개치면서 니가 한번 쌓아보라구 하더라구요. 설마 잡부가 쌓을 거라고는 생각하지 못했겠죠."

"그래서요?"

"그 오야지에게 내가 벽돌을 잘 못 쌓으면 벽돌 값 물어주겠다고 하구선 이미 쌓은 벽을 모조리 넘어뜨렸죠. 그러고선 가방에서 고대를 꺼내 벽을 쌓았더니 오야지가 가지 말래요. 일을 더 해달라

구. 당연히 하죠. 잡부와 조적 품이 게임이 안 되거든요. 그 오야지가 품에다 오십 퍼센트를 붙여주더군요. 술 한잔 따로 얻어먹고."

"그래서요?"

"제주로 갔어요. 배 타고."

"비쌀 텐데요 뱃삯이."

"쌔배서 타지, 돈 주고 타나요?"

그렇게 밤은 깊어만 갔다.

#3

소란스런 소리가 들려 밖으로 나갔다. 그런데 아침부터 쌓은 벽이 허물어져 있는 것이 아닌가. 그 옆에서 주먹을 쥐고 흥분한 사람이 한 명 서 있었는데 다름 아닌 '도리구치'였다.

"당장 공사 중지해. 누가 담을 도로 쪽으로 내서 쌓으랬어? 누구야?"

화가 난 도리구치가 적신이 아침나절에 쌓아서 아직 굳지 않은 벽을 파괴한 것이다. 잘못은 우리에게도 있었다. 좁은 골목에 면한 곳을 쌓다보니 이웃 사람들의 통행을 불편하게 했기 때문이다.

"당신 우릴 위해 해준 게 뭐야. 성의를 요만큼이라도 보여준 것 있어? 요만큼이라도? 내 차만 기스 나고."

"죄송합니다."

"맨날 말로만. 뺀질하게 생겨갖고……"

그때였다.

"야이 씨발놈아! 다 좋다 이거야. 그런데 내가 쌓은 벽은 어쩔 거야? 당장 다시 쌓아. 이 씨발놈. 요새 내가 기운 쓸 데가 없었는데 잘됐다. 씨발놈아."

"아니 이 새끼가?"

두 야생의 인간은 시합 전의 권투선수마냥 이마를 맞대고는 으르렁거렸다.

"당장 쌓아!"

"못해."

"해!"

"싫어!"

"왜!"

"니가 해!"

그러곤 적신은 자신이 쌓은 나머지 벽까지 모두 무너뜨렸다. 이렇게 되자 당황한 것은 도리구치였다.

“어차피 니가 오늘 쌓을 거였어. 씨발놈아. 내 일당도 니가 줘야 하고.”

“아니…… 왜 이러세요. 저는 벽돌 못 쌓아요.”

“너 다시 밖에 나오면 눈깔에 싸이나(청산가리) 부어버린다. 씨발놈아.”

그날 점심은 민속식당 배달을 취소하고 삼겹살을 구워 먹었다.

송목수

수리하는 사람

골목 앞에 한 여인이 기다리고 있었다. 사십대 중반 정도일까? 눈이 동그랗고 오목조목한 인상의 아주머니가 하얀색 파카를 입은 채 마주선 송씨에게 말했다.

"오빠. 오늘 우리집에서 놀다 가. 그리고 오랜만에 저녁 먹구 자구 가. 응?"

"안 돼. 오늘 가야 돼. 일이 있어. 그것만 아니면 자고 가면 좋은데. 느네 집에서 자면 아침에 현장으로 직접 나오기도 가찹지."

송씨는 올해로 칠십한 살 잡순 목수로 둘 사이가 보통이 아닌 듯했다. 하긴 그도 남자다. 그나저나 이 일을 송씨의 부인이 아시면? 옆에 있던 목수들도 그 장면을 보고 모르는 척한다. 보아하니 송씨는 마다하는데도 그 여인은 한사코 집에 데려가려는 심산이었다.

"오빠, 오늘만이라도 자고 가면 안 돼?"

"그래 그러자, 오늘 하루 재끼지 뭐."

"어머, 너무 좋다. 오랜만에 우리집 오시구."

나는 인사하는 송 목수를 향해 두 주먹을 쥐며 파이팅 표시를 했다.

"송 목수님, 서두르지 마세요. 천천히. 알았죠?"

이튿날 아침이었다. 송 목수의 얼굴이 한층 매끈해 보였다.

"송 목수님, 어제 좋으셨나봐요."

"좋았죠. 오랜만에. 벌써 몇 년 만이야 이게. 아이구 벌써 삼사 년이나 되었네?"

"그렇게 좋았어요?"

"그럼요. 이게 행복이구나 싶너라구요."

"와~ 그 정도로?"

"오랜만에 술도 한잔하고."

"술만?"

"아니죠. 안마도 받고."

"안마만?"

"아니죠. 이야기도 나누고."

"이야기만?"

"아니죠. 조카들과도 좀 놀아주고……"

"에잉? 조카?"

"예. 여섯째 여동생이거든요. 이 동네 살아요. 아홉 남매 중에서 꼬래비서 두번째요. 즈네 집수리했다고 벌써부터 오라고 그랬거든요. 잘사는 거 보니께 마음이 어찌나 흐뭇하던지 원."

#1

"사장님, 솔직히 말하죠. 전 문짝은 못 짭니다. 그냥 사다 쓰세요. 기계도 다 옛날 겁니다. 우마(작업대)도 없고 수평 보는 것도 레이저가 아니라 물수평밖에 없어요. 그것도 요샌 추워서 물이 얼어버리니까 못하고."

"어쩌죠?"

"절 그냥 자르세요."

그의 기계들은 낡아 있었다. 기계 대팻날이 조금이라도 손상되면 그 부분을 해체한 후 날을 꺼내서 숫돌로 갈아야 했다. 문제는 날을 꺼내기 위해서는 네 개씩 여섯 줄로 박힌 나사를 풀어내야 하는데 나사 사이마다 대팻날이 비늘처럼 박혀 있고 그 사이에 대팻밥이 눌어붙어 여간해서 떨어지지가 않아 네 개의 대팻날을 교체하는 데도 시간이 많이 걸렸지만, 그후에 스물네 개의 나사를 조이는 데 더 많은 시간이 걸렸다. 간격이 조금이라도 어긋나면 모두 풀어낸 후 다시 조립해야 했기 때문이다. 또하나의 문제는 일꾼들에 대한 통제 능력이다. 다른 목수가 가진 신식 연장에 의지하다보니 오야지로서의 권위는 말이 아니다. 반면 연장을 가진 목수의 권세는 날로 높아갔고 솜씨는 점점 거칠어졌다. 나는 보다 못해 경고를 내렸다.

"이봐요. 연장 목수! 천천히 해도 좋으니 잘해주세요."

"난 잔소리 듣곤 일 못하는데. 내가 여기 아니면 갈 데 없는 줄 아나…… 돈 주세요. 그만두게!"

그는 우리가 자신의 연장에 의존하고 있음을 잘 알고 결국 그 말을 꺼낸 것이다. 송 목수는 손을 꼬며 천장만 바라보고 박 목수는 못 들은 척 변소 옆 문 앞에 서 있다. 이제 내 결정만 남은 것이다.

#2

송 목수네가 떠나자 현장작업이 중단되었다.

설반만 덮인 마루판, 막다 만 창문의 벽체, 조립을 앞둔 난간 동자들이 여기저기에 방치되어 있었다. 날은 점점 추워지고 있었다. 사람을 구해야 했다.

뿔테 안경을 낀 사십대 중반의 목수 한 명이 말없이 현장을 돌며 이곳저곳을 유심히 살폈다.

"이거 전에 일했던 목수 수준이 형편없군요. 문도 잘 못 달고, 선도 안 맞고…… 어라? 벽도 기울었네? 기본이 안 됐군요. 사장님, 어떻게 이런 사람들하고 일을 했어요그래?"

#3

"우린 가구부터 배웠습니다. 일본에서 배운 분에게 배운 사람으로부터 배웠지요."

"잘됐습니다. 그렇잖아도 고민이 있어요. 바닥에 마루를 깔아야 하는데 고정시키는 방법 때문에요. 가급적이면 못이든 나사든 고정하는 금속물이 노출되지 않았음 하는데요……"

"그건 간단하죠. 일단 나사못으로 조집니다. 그 담에 기리를 하고(드릴로 구멍을 내고) 대나무를 깎아서 못 구멍에 박아 넣으면 감쪽같습니다."

"그렇기는 하지만 깎아서 박은 대나무와 바닥에 사용된 스프러스는 수축력이 달라서 시간이 흘러 나무가 건조되면 결국 빠지거나 박은 대나무가 튀어나올 텐데요."

"그건 공사가 다 끝난 다음의 일이죠. 돈 받기 전까진 끄떡없어요."

벌교 목수네

수리하는 사람

"김재관 선상님 안녕하시지요잉~"

"고향이……"

"전리도요."

"전라도 어디?"

"남도요."

"남도 어디?"

"아따 참 징허게 물어부네요잉. 보성하고 벌교지라. 인자 되얐습니까, 선상님? 후배 되는 김 사장님이 빨리 안 가면 죽여분다고 해서 허벌라게 왔구만요잉."

그는 사투리를 맛있게 구사했다. 강조하고 싶을 땐 짧게 끊어 말했고, 의향을 말할 땐 운을 밀거나 끌며 상대의 반응을 주시한

후 그 결과에 따라 길이를 조절했다.

"깨놓고 말하겄습니다. 이 일을 꼭 하고 싶당게요."

"후배 김 사장 때문에요?"

"아니어라우. 자신이 있응게라우. 저가 이 무식한 놈이 먼 이유가 있겄습니까요? 이적까정 인테리 하면서 어지간한 일은 다 해봤는디요. 헌데 여기는 안 해본 일빼끼 없구만요. 문틀도 완전 다르고 바닥도 전혀 다른 방식으로 맹글고 하바끼(걸레받이)도 몰딩(테두리 장식)도 없더라구요. 그래서 더 하고 싶당게요."

"……"

"너를 어찌 믿고 쓰느냐 하는 생각허시지요 지금?"

"……"

"일당이 얼마나 할까 생각하시죠 지금?"

"……"

투지가 있었다. 누구처럼 신중한 듯 말꼬리를 늘여 "가능합니다" 따위의 애매한 말을 흘리며 일보다는 일을 마친 후의 문제들을 미리 더 걱정하기보단, "그건 됩니다" "안 됩니다" "자신 있습니다" "그렇게 해야 합니다"로 말함으로써 실수로 인한 면책의 여지를 스스로 잘랐다.

이튿날 새벽, 약속대로 여러 명의 목수들이 현장에 도착했다. 그들이 시작한 일은 바닥에 마루를 까는 일이었는데 이 일의 큰 어려움은 마루를 놓을 방의 네 귀가 직각이 아니라는 점이었다. 소위

'가네'가 나(직각이 틀어져) 사방이 찌그러진 공간이었다. 네 변의 길이가 모두 다른 공간에서는 그 편차를 미리 감안하지 않으면 작업이 진행될수록 오차가 커질 수밖에 없었다. 그 사실을 미리 예견했던 목수들은 급하게 마루를 깔기보다는, 적용된 치수들을 나무 개수마다 대입하여 일정한 순서로 시공이 될 경우 맨 마지막의 마룻널이 어떤 모양이 될지를 미리 계산한 후 마지막 장의 마룻널이 그것과 만나는 벽면과 수평이 되도록 마루의 간격마다에서 그 편차를 미리 흡수하는 방식을 사용했다. 보기만 해도 든든했다.

"형님, 그 목수들 최고입니다. 짜투리 빼고 오야지 급만 보낼게요."

후배가 큰소리칠 만했다. 더 믿음직스러웠던 것은 마룻널이 백오십 장 들어갈 경우 그 편차를 매 장마다 적용하면 그 틈이 소수점 이하 몇 째 자리까지 적용돼야 한다는 것을 미리 예견해서다. 백오십 장을 우선 오십 장씩 갈랐고 오십 장은 다시 열 장으로, 열 장은 다시 다섯 장으로 편차를 나누어 적용하는 방식이었다. 그것을 지켜본 나는 오랜만에 편하게 밥을 먹었다.

#1

벌교 목수는 욕을 찰지게 했다.
"박 목수님, 몇 살에 서울 올라왔나요?"
"열네 살요."

"목수만 하셨어요?"

"예. 쭈욱 목수만 했지요. 겁나게 고생했습니다. 맨날 두들겨 맞아가면서요."

"목수들도 때리는구나?"

"때리기만 한대요? 발로 차고 밥 안 주고 그랬어요 선배들이. 밤에 자는데 깨워서 술 사 오라고 하고. 술 취하면 또 때리고, 망치 던지고, 목수 일은 원래 때리고 맞는 것인가부다 생각했어요. 쌍놈새끼들. 열네 살이믄 째깐 애긴데. 때릴 데가 어디 있다구. 호로새끼들. 그래도 어떡해요. 밥 먹고 살 것이 그것밖에 없는디. 이 악물고 일을 배웠습니다. 개놈들 눈구녕 먹물을 쪽 빨아불라."

소주 몇 잔이 돌자 벌교 말이 쏟아졌다.

"소장님은 우리더러 목수님이라고 부르는 두번째 사람입니다요."

"목수를 목수라고 부르는 것이 당연하지 않나요?"

"그러면 얼마나 좋겠습니까요잉."

"그럼 뭐라고 부릅니까?"

"대부분 목수木手가 아니라 목공木工이라고 부릅니다. 어이~ 목공! 하이튼 개놈들야. 목공이 뭐야 목수더러 말이지. 개 호로새끼들."

#2

그의 동료 중에는 청년 목수가 있다.

까만 밤송이머리에 언제나 술기운이 충만한 눈동자를 가진 사람.

"나이가 몇이우?"

"이래 봬두 저 꽤 많이 먹었습니다. 서른다섯요. 젊죠? 하하하."

나이에 비해 참 일을 잘한다. 함몰된 벽체를 새로 만든 벽체와 동일한 면으로 부착시켜야 할 때였다. 이 작업을 하려면 우선 함몰된 부분을 바깥으로 끄집어내야 했다. 그러나 손가락 하나 들어갈 틈이 없는 12밀리 합판 벽체를 어떻게 바깥으로 끄집어내겠는가. 그는 함몰된 곳에 못을 하나 박았다. 당연히 벽체는 더 들어갔다. 어쩌려고 저러나 싶었다. 망치를 꺼내고 몇 번인가를 더 깊이 박더니 오른손으로는 니퍼로 못의 대가리를 움켜쥐고 못을 뽑을 때의 그것처럼 반대 방향으로 비틀자 '빠드득!' 소리를 내며 벽체가 빠져나왔다.

"불안하셨죠?"

#3

구례 목수는 벌교 목수의 또다른 동료인데 청바지 차림에 머리에 무스를 바르고 다녔다.

"젊게 보여야 일이 안 떨어지거든요."

"목수님 고향이 어디신가요?"

"구례여라. 섬진강 다리 건너서요."

"네에? 다리 건너 밭 따라가면 밭둑에 산수유나무 심긴 동네에

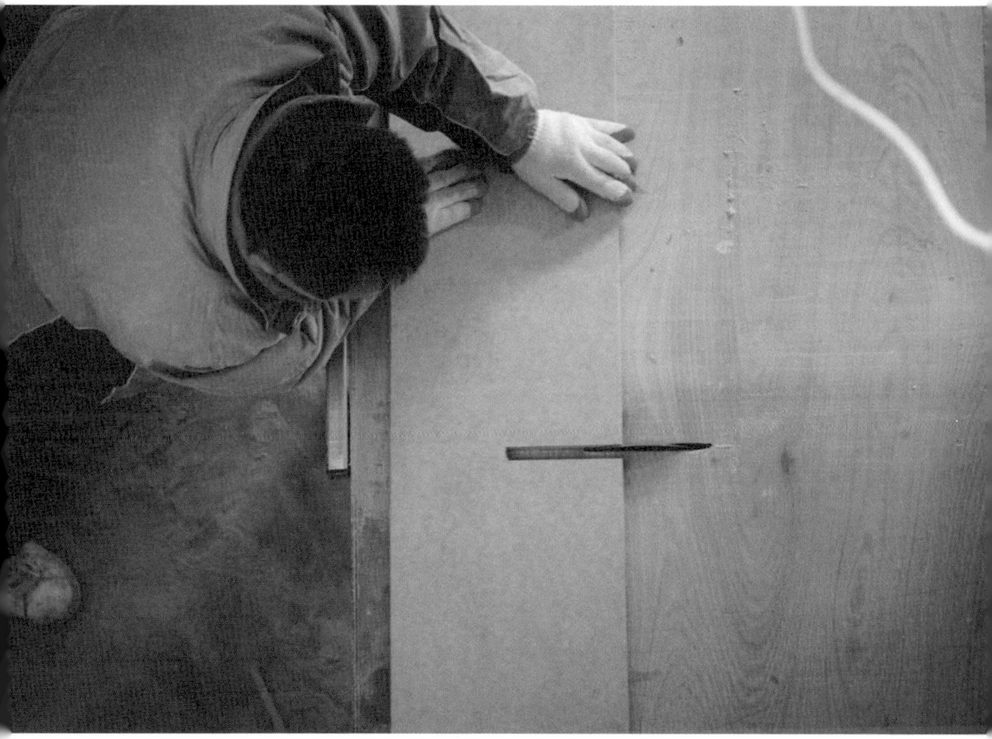

서 첫번째 골목은 긴 담이 있다가 오른쪽으로 꼬부라지면서 감나무 세 그루가 붙어 있고 다시 꼬부라지면서 집이 뜸하다가 본격적으로 지리산이 시작될 즈음 왼쪽에는 점방이 있고 오른쪽으로 가면 우물물이 있는데 거기서 어느 쪽이죠?"

"사장님이 우리 동네를 안다 말씨?"

"잘 알죠 내가, 고등학교 때 그리로 가출을……"

하루는 구례 목수가 시무룩한 얼굴로 다가왔다.

"소장님, 할말이 있습니다."

"빨리 말하세요. 불안하니까요. 아프세요? 제가 화나게 했어요? 오늘 집에 일찍 가고 싶으세요? 고기 드시고 싶으세요? 식당 메뉴가 맘에 안 드세요? 다른 현장을 가고 싶으세요? 저랑 일 안 하고 싶다고 말하려는 건가요?"

"아뇨, 그게 아니구……"

"아니구 뭐요……"

"제가 무슨 생각을 했는지……"

"네……"

"신발장 문짝이 안 맞습니다."

"얼마나요?"

"십 전(센티미터)요."

1미터짜리 신발장에서 10센티면 10퍼센트 정도의 차이가 난 것이다. 이쯤 되면 오차가 아니라 아예 잘못 만들어진 것이다.

#4

유 목수는 구례 목수의 셋째 동생이다.

"형님이 신발장 때문에 여러 번 이야기하더군요. 마음고생을 한 것 같아요. 그리고 가구를 끝마치지 못하고 가서 마음이 편치 않다고 합니다."

"이렇게 전하세요. 그 마음 고맙다고. 그리고 아무도 가구를 손대지 못하게 할 테니 언제든 돌아와서 하라구요."

그 둘은 닮았으면서도 서로 달랐다.

구례 목수가 세밀한 부분을 맡으면 유 목수는 일 전체를 봤고, 구례 목수가 말없이 일을 한다면 유 목수는 다음 일을 구상했고, 구례 목수가 장인이라면 유 목수는 오야지였고, 구례 목수가 열시 삼십분에 화장실을 간다면 유 목수는 한시경에 갔고, 구례 목수의 목소리가 높고 가늘다면 유 목수는 낮고 굵고, 구례 목수의 말이 짧다면 유 목수는 길고 느슨하며, 구례 목수가 술 마시길 좋아한다면 유 목수는 술 마시는 걸 보길 좋아했다. 그래도 집은 함께 갔다.

#5

서 목수는 이 팀에서 가장 나이 어린 목수다. 목수라기보다 선배들이 필요한 나무를 그들이 사용하기 좋은 위치에 갖다놓거나

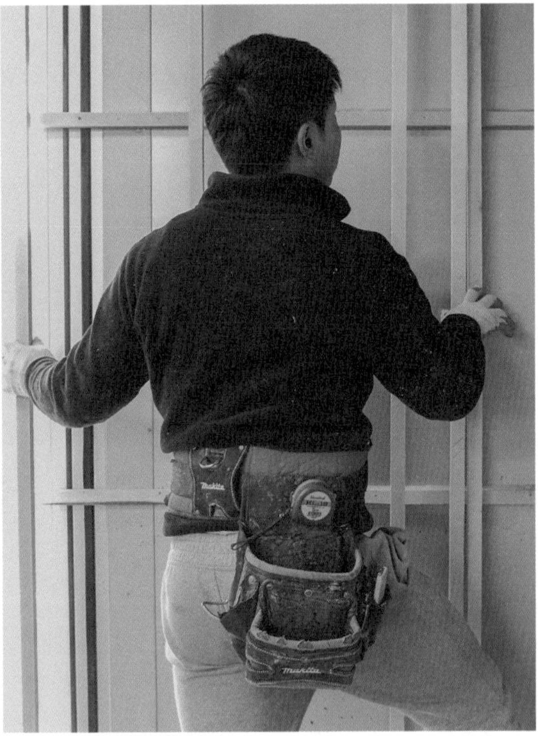
makita
makita

치수를 알려주면 나무를 재단하거나 하는 조수였으므로 허리춤에 매달린 목수 연장들은 쓰일 틈이 없었다.

"서 목수. 내가 조수 일을 빨리 졸업하는 방법을 알려줄까?"

"열심히 하면 되겠죠 뭐."

"그건 기본야. 선배나 오야지가 생각하길 '저 친구는 조수 일을 하기가 아깝군!'이라는 마음을 갖게 해봐. 그리고 그때까지는 좀 견디고."

망치도 새것, 작업복도 새것, 안전화도 새것, 허리에 두른 작업대에도 먼지가 묻지 않은 새내기 목수다. 저 두툼한 허리띠가 언제쯤이면 반들반들 길이 들어 그의 어린 허리를 편하게 감쌀까.

수리수리
집수리

축의 수리

집수리 전 / 철거

1층

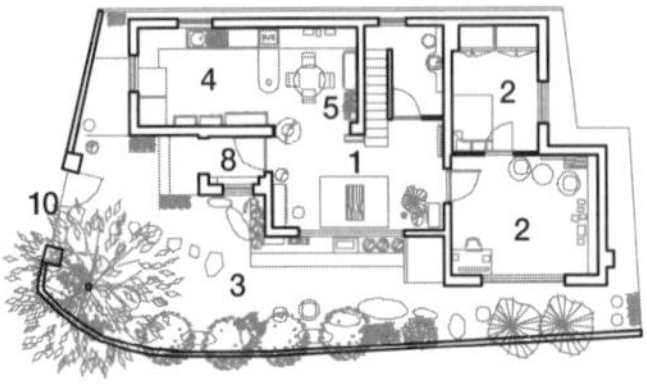

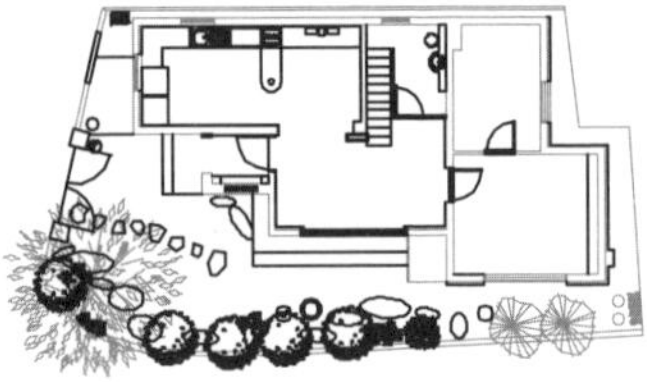

2층

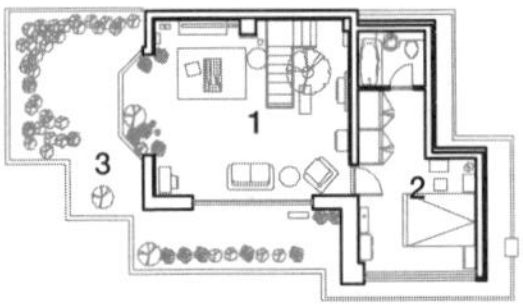

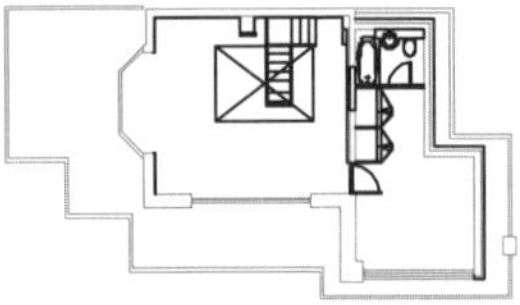

지붕

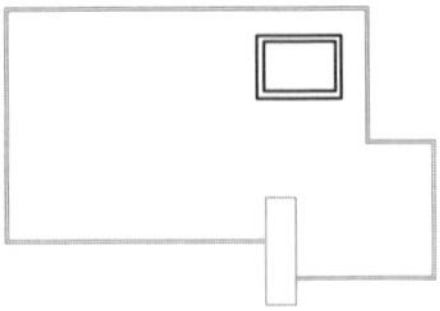

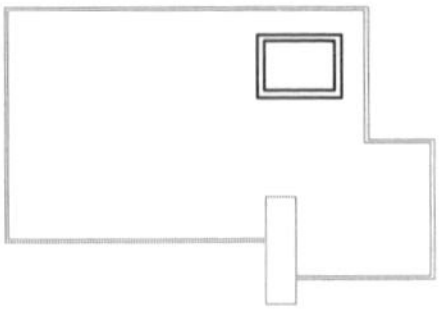

1 거실 **2** 방 **3** 마당 **4** 부엌 **5** 식당 **6** 서재 **7** 창고 **8** 현관 **9** 덱 **10** 대문 **11** 트임 **12** 연못

수리

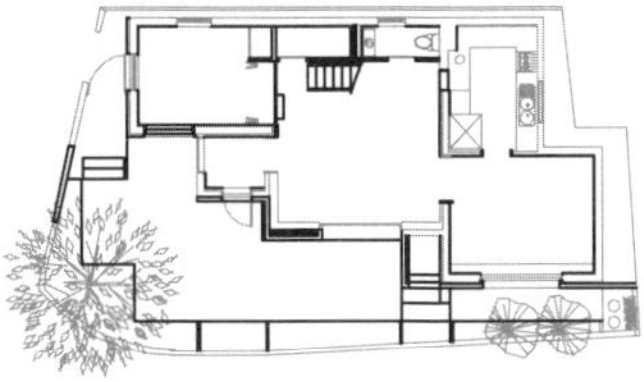

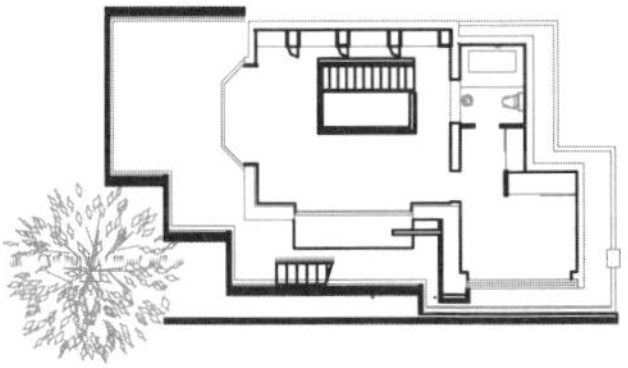

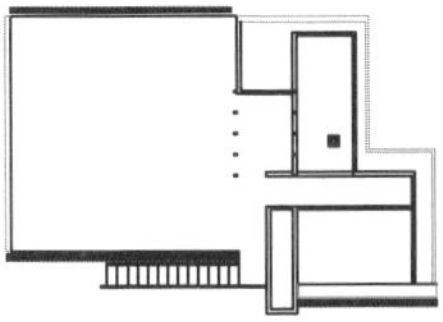

집수리 후

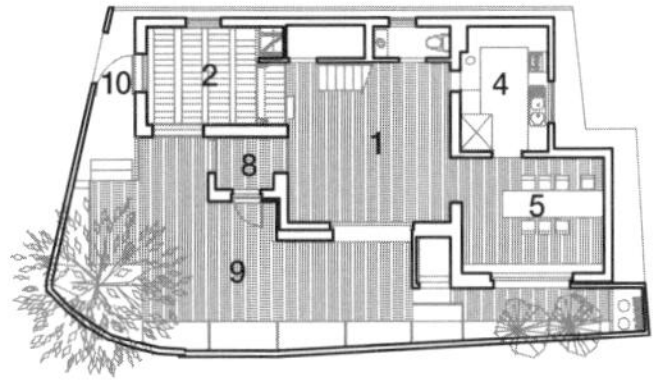

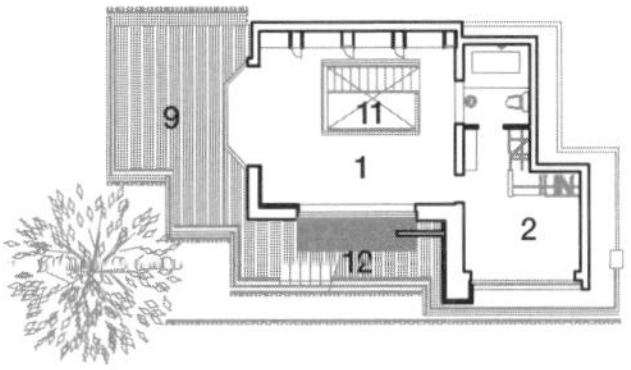

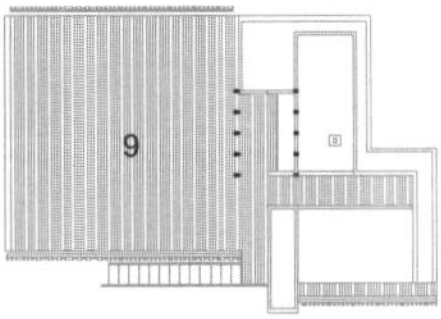

축의 수리

폭이 좁은 도심지의 주택이 선택할 태도는 이미 정해진다. 부지의 속성대로 좁은 축을 따라 차곡차곡 공간을 배열하다 마지막엔 큰 공간을 두어 통로를 절약하는 것.

종속된 방

건물의 축에 따라 순조롭게 나열되던 공간 패턴은 대지가 굴절되거나 포화된 기능을 수용하면서 뒤틀렸다. 그때 희생된 곳이 식모 방이라 불리던 짜투리 공간이었다. 시간이 흘러 식모는 사라졌지만 여전히 독립된 출입구를 갖지 못한 상태였다.

분단형 계단

중심부에 있던 계단은 공간을 연결하기도 하지만 양쪽으로 나누기도 했다.

동선 방향, 창의 비례, 계단, 가구, 바닥 패턴도 같은 축으로.

외부도 내부와 같은 축으로 수리됐다.

검문소형 대문

대문은 사람과 자동차의 출입을 겸하고 있어 좁은 대지에서 많은 부분을 차지했다. 게다가 맞은편 골목의 연장선상에 있어서 문이 열리면 외부의 시선이 대지의 말단까지 관통됨으로써 마당이라는 사적 영역이 외부에 노출되었다.

©박영채

진입축을 굴절시켜 문이 열려도 마당이 보이지 않는다.

3부

철민이네 집수리

2015

집수리,
사람들

삽시다,
여기 사야 해요

S의 루트

S는 나에게 집수리를 맡긴 경제학자다. 젊은 나이에 비해 사고방식은 전형적인 아날로그 스타일이어서 웬만한 거리는 자동차를 타지 않고 걸어서 출퇴근을 했다. 그 덕인지 북촌, 성북동, 명륜동 일대를 훤하게 꿰고 있었다. 걷는 걸 좋아하긴 나도 마찬가지여서 S의 집 설계에 대한 이야기도 걸으면서 했고 점심을 먹거나 술을 마시러 갈 때도 걸을 만한 거리에서 장소를 찾았다. 서로 다른 점이 있다면 난 그냥 걸었던 반면 그는 매일같이 루트를 달리하며 인근의 부동산을 분석했다는 것이다.

"저기 보이는 저 집요. 얼마면 살 것 같아요?"

"갈매기처럼 생긴 집?"

건축가가 아파트에 살고 있다면 의외로 생각하는 경우가 있다.

으레 자신이 설계한 주택에서 살 거라고 생각해서다. 나도 한땐 북한산 언저리의 집들을 찾아다닌 적이 있었는데 마음에 드는 곳을 찾기가 어려웠다. 어쩌다 물건이 있어도 집을 지을 수가 없는 곳이거나, 덩치가 커 능력을 초과했다. 그런 곳을 보고 온 날이면 곧 이사라도 갈 것처럼 기대감으로 잔뜩 부풀어 있다가 뒤늦게야 현실을 깨닫고 이만저만 속이 상한 게 아니어서 어느 때부턴가 땅 보러 다니기를 포기하고 살았다.

"일 억이면 삽니다."

"집 전부를?"

산꼭대기였고, 얼굴만 넓을 뿐 앞뒤 폭이 좁은 모양이었지만 그래도 4층 건물이어서 그게 되나 싶었는데, 얼마 후 S는 세밀한 분석결과를 다시 내놨다.

"문제는 소장님이 얼마큼의 면적을 쓸 것인가인데요."

"내가 살 집은 한 층이면 돼요. 저기 살구나무 있는 꼭대기."

"지하 1, 2층에 깔고 있는 보증금이 있으니 현금 일 억만 있으면 살 수 있습니다. 등기비, 세금 다 해야 이천. 현재 사시는 집을 팔면 그 돈으로 집을 수리하고도 남습니다."

살펴보기

무언가에 홀린 듯했지만 그의 셈은 틀림이 없었다. 그의 말처럼 한 층만 쓰고 살면서 임대차계약이 만료될 때까지 세입자들이 지불한 보증금만 벌어놓으면 되고 그렇지 못하다면 돈이 생길 때까지 그런 상태로 살면 되는 것이다. 그러니까 구입 때 돈이 적게 들면서도 소유가 가능하고 주머니 사정에 따라 임대 여부를 정하면 되는 것이 다가구주택의 좋은 점이었다. 생각해보면 참 오랫동안 산과 경계를 이루는 지점의 집을 살펴왔었다. 갈현동, 성북동, 녹번동, 연희동…… 그러나 도시의 구조상 그런 곳은 드물었고, 있다 하더라도 순환도로가 집과 산을 가르고 있는 곳이 많다. 어쩌다 매물이 나오면 그곳은 평창동 어디의 백 평이 넘는 경우들이라 엄두를 못 냈는데, 이 땅은 규모가 만만한 데다가 강제철거를 모면한 높은 집이라서 전망도 좋았고 주변의 헐린 집터들을 텃밭으로 쓸 수도 있었다. 게다가 나는 운전을 못한다. 오직 걷거나 얻어 타는 게 전부인데 뒤로 난 산길을 따라가면 성균관대학교와 감사원에 닿았고 조금만 더 걸으면 현대미술관과 교보문고까지 삼십 분이면 닿는 곳이었다. 무엇보다 산과 숲을 좋아하는데, 명륜공원에서 북악산으로 이어지는 산길이 집 바로 뒤부터 시작되고 있었다. 마음만 먹으면 언제든 숲에 갈 수 있는 집이었다. 그후론 온통 그 집만 생각났다. 새벽마다 일어나 기상청-창의문-팔각정-삼청각으로 연결되는 길을 따라가 물끄러미 그 집을 구경하고 오다가 급기야는 마당으로 살금살금 내려가 살구나무를 만지고 오거나 집 바깥을 줄자로 잰 후 도면을 만들었다. 내부 구조도 모른 채, 집주인의 허락도 없이. 설계부터 시작한 것이다.

따저보기

“살다가 벨 일이 다 있어요. 이 집을 좋아하는 사람이 있다니 뭔 일이래요그래?”

“할머니도 이 동네를 떠나려고 했다니 잘되었습니다. 기왕이면 이 집을 맘에 들어 하는 사람이 사는 게 낫잖아요?”

“그건 상관없지만 근데 저 바위는 괜찮아유?”

“그게 좋아 새벽마다 왔어요.”

“헛 참. 여름에 비 오면 저 계단으로 물이 쏟아져 폭포가 되는데도요?”

"그게 좋아 새벽마다 왔어요."

"헛 참. 어찌나 살구가 많이 여는지 옆집 지붕이구 뭐구 떨어져 개미가 생기고 쉰내가 난다고 이웃에게 욕을 먹는데도요?"

"그게 좋아 새벽마다 왔어요."

"헛 참. 별난 분이네요."

이 동네는 그랬다. 할머니는 이사하기 위해 이 년 동안 집을 내놓았어도(그래 봐야 삼천리 슈퍼에) 찾는 이가 없고, 그나마 찾아온 사람도 집 뒤의 엄청난 바윗덩어리에 기함을 하고 돌아갔다. 평생 이곳을 떠나지 말라는 뜻이다 싶어 내놓은 집을 다시 거둬들였는데 대뜸 내가 문을 열고 들어와선 집을 팔라고 한 것이다. 그곳은 한번 이사 오면 나가질 않고, 나가려 해도 사람이 들어오질 않는 그런 동네였다. 삼사 년 전까지만 해도.

흥정하기

"근데…… 난 좋지만, 딸네가 요 아래서 칼국숫집을 하는데 집을 맘대로 팔았다고 지랄할까 겁나네요."

"기별을 하세요 지금."

딸을 만나보니 금방 가격이 뛴다. 내가 살구나무를 환장하게 좋아하고, 금방 쏟아질 것 같은 바윗덩어리와 여름이면 폭포로 변한다는 계단을 좋아하고, 이 집이 아니면 살 데가 없는 사람처럼 굴자 흥정의 균형이 깨진 것이다. 그렇지만 이미 눈이 뒤집힌 상태였으므로 원하는 계약금을 선불로 치렀다. 억울하지 않았고 서운하지 않았다. 내 마음은 이미 살구꽃 아래에서 청주를 마시고 있었으니.

굳히기

"저기, 죄송해서 어쩌죠? 이 집을 딴 사람이 사고 싶다네요. 다들 왜 이러지? 내둥 안 보다가 갑자기……"

"얼마나 더 드리면 될까요('내일이면 중도금을 치르기로 했고 무엇보다 우리가 살고 있는 집이 팔려서 거기에 이사 올 사람도 정해지고 그 사람의 집에 이사 올 날짜도 정해졌는데 이제 와서 어쩌라는 거요?'라고 하려다 그만뒀다)?"

"이천 더."

"좋아요."

굳히기 단계에서 집값을 올리는 데 일조한 경험은 최근에도 있었다. 집수리를 맡기려는 이로부터 연락이 왔다.

"주택을 수리해서 돈가스 집을 하려고 하는데 주변 사람들이 반대하는 거예요. 땅이 이상하니 사지 말라고. 전 괜찮거든요. 한번 봐주시겠어요?"

평소 이런 요청엔 잘 응하지는 않았는데 "땅이 이상하니"란 말에 현혹되고 말았다. 가보니 정말 이상했다. 마치 오징어연처럼 꼬리가 길고 몸통은 작은 막다른 골목집이었는데 꼬리의 비율이 절반을 넘었다. 중요한 것은 긴 꼬리가 아니라 그것을 어떻게 활용할 것이냐였다. 순간 꼬리를 따라 도열된 오래된 벗나무 군락을 휴식 공간으로 이용해 쓰면 되겠다는 생각이 떠올랐다.

"삽시다. 여기 사야 해요."

그 말을 듣던 집주인의 눈이 번쩍했다. 집을 내놓은 삼사 년 동안 팔리지를 않았고 오는 이마다 '꼬리'를 문제 삼는 바람에 가격이 점점 내려갔는데 '꼬리' 때문에 사자는 희한한 사람이 나타났기 때문이다. 얼마 후 집주인으로부터 연락이 왔다.

"저기…… 우리 옆집 아저씨가 오래전부터 우리집을 사고 싶었다고 하네요. 오랜 이웃이라 거절할 수도 없고 이거 어쩌죠? 돈을 올려 받으려고 그러는 게 절대 아네요."

집수리를 맡기려던 이로부터 구박이 돌아왔다.

"좋은 걸 그렇게 못 참으세요?"

삼천리 슈퍼 할머니

동네 사람

“안녕하세요. 이 동네에 이사를 왔습니다. 잘 부탁드립니다.”

“하이고오마, 영화배운 줄 알았네.”

한마디로 사람을 알아볼 줄 아는 동네로 이사 온 것이다.

꽁지네

집수리를 하다보면 건축 자재들을 보관하고 용접이나 목수 일을 위한 넓은 공터가 필요할 때 옆집들의 옥상은 큰 유혹이다. 그렇지만 갈등이 싫어 현장 사람들에게 사용하지 말라고 일렀는데 목수가 긴 가구를 만들면서 꽁지네 옥상을 쓰다 사단이 났다. 그저 항의에 그친 게 아니라 주거침입으로 고소를 한 것이다. 그 집 큰아들인 꽁지는 저녁엔 영등포 어딘가에서 포장마차를 했는데 이 동네에서 큰소리가 났다 하면 대부분 그이가 개입되어 있었다. 그렇다고 늙은 서 목수를 전과자로 만들 수는 없는지라 오랜 궁리 끝에 내가 죄를 대속하여 경찰서를 드나들던 중 꽁지로부터 합의하자는 연락이 왔다.

"서로 좋은 방향으로 합의합시다."

"원하는 게 무어요."

"진즉에 그렇게 나올 것이지. 제 요구는 간단합니다. 사람들이 옥상에 오르내리면서 방수층이 깨졌을 거고, 무지막지한 목재들을 쌓았으니 건물의 수명이 단축되었을 테고 하니 방수를 비롯하여 앞으로 이 집에서 발생하는 모든 하자를 고쳐준다는 각서, 고거 딱 한 장이면 됩니다."

나는 그렇게 주거침입 전과자가 되었다.

오대째

차를 타고 철민네 집 앞까지 오려면 세 가지 능력을 겸비해야 한다. 담력과 운전기술과 굳은 신념. 성균관대학에서 성북동으로 넘어가는 길목부터 시작되는 오르막은 '산동네니까……' 정도로 담담하게 시작되는 경사지만, 갈수록 점점 심해져 '좀 센데?'라는 마음과 함께 뒤로 젖혀지는 상체의 균형을 잡으려 핸들을 잡은 양팔에 힘을 주고 오르면 잠시 평평한 삼거리가 나오는데 그곳이 8번 마을버스 종점이다. 이쯤 오면 대부분 '이제 다 왔구나'라고 생각하는데 진짜 어려움은 이제부터. 좌회전 후 급경사로 시작하는 길은 이미 경험이 있었던지라 '이 정도야 뭐……' 싶은데 그다음 만나는 우회전 코스는 급경사와 급각도가 만나는 삼차원의 사각지점에서 차량이 기울면서 대부분 차량의 뒷바퀴가 허공으로 들려 헛바퀴를

돈다. 이때 '좌측 뒷바퀴의 들림' 현상과 '우측 뒷바퀴의 소각' 현상은 '여기가 맞긴 맞아?'라는 결정적 좌절감을 주는데, 바로 여기가 철민이네 집이다. 그런데 이 길고도 험한 길을 전진이 아니라 후진으로 올라오는 유일한 사람이 있다. 한 번도 쉬지 않고. 더 놀라운 것은 속도다. 만약 해가 뜨지 않은 새벽, 슈투카가 급강하하는 소리를 명륜동에서 듣는다면 거기 타고 있는 이가 바로 '오대째'다. 대부분의 산동네 공터는 임자가 따로 없는 주차장이다. 차가 들어오는 시간과 빠지는 시간이 제각각이다보니 고정된 주차 자리도 있을 수가 없다. 하지만 이 동네는 안 그렇다. 아니, '오대째'만은 안 그렇다. 만약 그가 퇴근하는 새벽 네시 반 무렵 자신의 집안이 오대째 이어오며 주차했다는 지점에 다른 차량이 있다면 그야말로 불벼락이다. 삼십 분이고 한 시간이고 상관없고 트럭이든 봉고차든, 비가 오든 눈이 오든 상관없이 전화를 한다. 언제까지? 차 주인이 나타날 때까지.

"아니, 아저씨. 동네 공터에 아저씨 자리가 어떻게 따로 있어요. 그리고 세상에, 지금 새벽이잖요. 저 아침에 출근하는 사람이에요."

"그러니까 여기에 차를 대지 마. 새벽에 전화 안 받으려면, 아침에 출근하려면, 이 동네서 오래 살려면."

그러고는 한마디 더 붙인다. 카운터블로다.

"이런 식으로 새벽마다 나랑 싸울 수 있겠어? 고작 주차 때문에. 오늘처럼 비를 맞으면서 말이야. 이런 사소한 문제로 새벽에 만나

싸운다는 게 말이 돼? 서로 간에 이게 무슨 꼴이야그래. 근데 말이야, 난 이렇게 평생 싸울 수 있는 사람이야. 난 자신 있어. 이겨도 져도 상관없어. 왜 그런지 알아? 내가 이 동네서 오대째 살았거든. 양보할 수 없다는 거야."

어느 눈 오는 새벽, 사각거리는 소리가 들려 나가보니 '오대째'가 눈을 쓸고 있었다. 자기 집 앞이 아니었다. 공터 전체와 내각 15도의 도로까지 모두 혼자 쓸었다.

"오대째, 저를 깨우시지."

"흰머리 양반은 신경쓰지 마슈. 이런 일은 원래 동네에 오래 산 사람이 하는 거거든. 우리가 여기서 산 지가 벌써 오대째잖아. 본을 보여야지."

장로네

주택가 동네에 이사 와서 가장 많이 들었던 말 중 하나는 '원래'이다. '당신이 없던 시절에 이미 정해진'의 뜻으로 사용되는 이 말은 동네 물정을 모르는 사람에게 마치 예전부터 내려온 동네 법처럼 말하고 싶을 때 애용된다.

"지금은 이렇게 쓰지만 '원래' 대지 경계가 어디냐면 요래요래 됩니다. 우리 아버님과 그 집 할아버님이 전부터 정하신 것입니다. 요번 새로 이사 오셨으니 '원래'의 경계를 찾는 것이 좋겠습니다."

"저도 그걸 바랍니다."

"새로 오셔서 잘 모르겠지만 '원래' 경계는 '쩌그'입니다. 그렇게 되면 많은 것이 바뀌겠지만 제가 교회에서 직분까지 있는 사람이고 게다가 새로 이사를 오셨는데 이웃끼리 그럴 순 없고 제가 백번을 양보해서 우리집 쪽으로 넘어온 살구나무 가지는 자르고 저기 있는 감나무를 '저짝'으로 옮겨주시면 좋겠습니다. 살구가 스레뜨 지붕에 떨어지면 천둥소리가 나거든요. 그럼 승낙하신 걸로 알고 돌아갑니다."

다른 건 몰라도 살구나무가 베인다 생각하니 마음이 아팠다. 그가 근거로 삼은 민법 조항도 옳았고 살구가 떨어지는 곳이 그 집 부엌인 것도 맞았다.

"장로님, 이렇게 하면 어떨까요. 장로님 댁으로 넘어간 살구나무를 자를 권리가 있으십니다. 살구를 딸 권리도 있으십니다. 하지만 나무를 베면 살구도 사라집니다. 알다시피 저희 살구는 특별히 크고 맛있으니 나무는 살리고 살구는 모두 드십시요. 다만 그로 인해 생긴 낙엽은 제가 치우겠습니다."

그러던 어느 날 바깥이 소란하여 나가보니 장로가 우리집으로 넘어와 감나무 주위를 삽으로 파고 있는 게 아닌가?

"암만 기다려도 암것도 안 하시니까……"

"장로님, 만약 측량을 해서 경계가 정확해지면 이 문제는 더이상 거론하지 않는 것으로 하면 어떨까요. 누구에게 유리하든 불리하든."

"그게 바로 내가 바라던 겁니다."

태환이가 장로네 집 옥상에 있는 기왓장 몇 개를 들어내자 붉

은색 페인트 자국이 선명히 드러났다. 측량 지점이었다.

"아니, 저건?"

측량을 해본 결과, 그가 주장하는 '원래'의 경계선은 오히려 장로네 집 쪽으로 후퇴한 지점이었다. 그러나 나 또한 '원래대로' 살고 싶어 아무 언급을 하지 않았는데 일이 이 지경이 되면서 진짜 '원래'를 알게 된 것이다.

호박 할머니

동네 사람

이른 퇴근길, 오랜만에 호박 할머니 댁에 들렀다. 그녀의 집은 성벽을 따라 내려오면 우리집 반대편 마을의 끄트머리여서 퇴근길에 가려면 한참을 돌아야 했지만 오이소박이에 들어갈 부추를 사기 위해 그곳으로 향했다. 그런데…… 오늘은 분위기가 좀 이상했다. 할머니 집 앞 텃밭에 서넛의 아주머니들이 모여 웅성이고 있었는데 대부분은 묵묵히 채소를 다듬고 있었지만 체격이 큰 어느 여인만이 소매를 걷어붙이고 소리를 지르고 있었다. 처음엔 동네의 사소한 말다툼인가보다 했는데 저만치 마을버스 종점께 순찰차가 나타났고 골목으로 올라온 두 명의 경찰관이 체격 좋은 여인과 이야기를 나누면서 그녀의 손가락이 호박 할머니 집을 향하는 것을 보고는 무슨 변고가 있음을 알아챘다. 여인이 경찰을 부른 것이다.

"저깁니더. 숭악한 도적놈들이 사는 집이."

듣자 하니 여인이 농사를 짓기 위해 밭둑을 보수했는데 엉뚱하게도 할머니가 그곳에 호박을 심었더라는 것이며 자신이 돈을 들였으므로 다른 사람은 농사를 지어서는 안 된다고 주장을 하다가 아무도 호응하지 않자 결국 경찰에 신고한 것이었다.

"할머니 계세요? 경찰입니다."

두 경관의 몸집만으로도 꽉 찬 마당으로 호박 할머니가 소환되었다. 그리고 민소매 러닝 차림의 할아버지가 그뒤를 따라 나오셨다…… 아마도 처음이었으리라. 백합과 붓꽃과 봉숭아꽃으로 가득한 자신들의 정원에서 경찰관의 호출을 받은 것은. 뽀글거리는 파마머리와 월남치마 속에서 꼬챙이같이 마른 다리를 떨며 말을 잇지 못하는 할머니에 비해 여인의 기운은 일대를 덮었다.

"할머니, 여기가 할머니네 땅입니까?"

"그건 아니지만……"

"그럼 남의 땅에 농사를 지으면 돼요?"

"그건 안 되지만……"

유감스럽게도 분위기는 할머니에게 유리하지 않았다. 안타까웠지만 나설 수가 없었고 그렇다고 모른 척하고 지나칠 수도 없는 처지였는데 나를 발견한 호박 할아버지가 도움을 청했다.

"젊은 양반…… 우덜은 잘못인지 아닌지도 잘 몰라."

이쯤 되면 운명. 우선 남방셔츠 단추를 풀어 아랫배를 상스러이 해방

했다.

"그럼 여기가 아주머니네 땅입니까?"

"그건 아니지만……"

"할머니가 남의 땅에 호박을 심는 것이 잘한 건 아니지만 마찬가지로 땅 주인도 아닌 사람이 땅 주인도 아닌 또다른 사람이 심은 곡식을 허락 없이 뽑을 수는 없습니다. 설혹 땅 주인이라도 그렇게는 못합니다. 여긴 서울시 땅입니다. 체비지替費地라고요. 아무도 경작할 권리가 없지만 누구도 경작을 못하게 할 권리 또한 없다는 것입니다. 서울시 말고는. 아주머니가 서울시입니까?"

"그건 아니지만…… 근데 아저씬 누구죠?"

"내가 누군지보다 여러 사람 앞에서 공연히 모멸적인 욕설을 하는 것은 모욕죄에 해당하고 죄 없는 이를 고발하는 것은 무고인 동시에 사실적시 명예훼손에 해당한다는 것이 중합니다."

"변호사?"

"내가 누군지보다 나의 말이 맞느냐 틀리냐가 중합니다. 동네 아주머니들, 이분이 아까 할머니에게 쌍욕한 거 다 들었죠? 지네 땅이라고 우기는 거 들었죠?"

"……네에."

늦은 저녁 초인종 없는 우리집 대문을 누군가 두들겼다. 호박 할아버지였다. 보자기에 싸인 부추, 쑥갓, 그리고 붓꽃 모종. 나는 답례로 고향에서 배달된 막걸리와 살구를 대접했다. 그나저나 어쩐다…… 온 동네 여인들에게 배꼽을 보였으니. 부끄럽도다.

태환이

수리하는 사람

태환이는 대학을 졸업한 후 집수리하는 곳이 아니면 취직을 하지 않겠다며 내게 왔다. 처음부터 집수리를 하겠다고 작정한 것이다. 재훈네 집, 단팥빵네 집, 유진이네 집을 수리하다 삼 년째는 프로젝트 책임자가 되어 제주도에 내려가 '제주횟집'을 수리하고, 그 후 철민이네 집을 수리한 베테랑으로 취미는 마라톤이다. 그래서일까. 그의 끈기는 때론 과하다.

"너 눈깔이 왜 그래?"

"안과를 갔다 와서요."

"안과에서 눈깔을 그 지경으로 만들었단 거냐?"

"그게 아니고요. 사실 며칠 전에 눈에 뭐가 들어갔어요. 그래서 오토바이를 타고 세게 달리면 바람에 날아가겠지 하다 말았어요.

근데 이게 잘 안 빠지는 거예요."

"오토바이로 눈에 들어간 가시를 뺀단 말이지……? 그래서?"

"그래서 뭐 그러다보면 빠지겠지 하고 며칠 그냥 뒀어요."

"며칠을?"

"예, 오 일요. 그런데도 안 빠지는 거예요. 평소에도 톱밥이니 그런 게 들어갔다가도 아침에 일어나면 멀쩡했거든요. 그런데 오늘 안과에 갔더니 쇳가루가 눈에 박혔다는 거예요."

"쇳가루? 돈 말이냐?"

"아니요. 용접하다 튄……"

"용접 불똥?"

"네. 그게 오래되어 녹이 쓸었다고 하면서요."

"그러니까 용접 불똥을 눈에 넣고 그걸 오토바이로 세게 달려서 빼내려고 했다는 거냐?"

"네. 오랫동안 박혔으니 더 세게 달린 거죠."

"니가 정녕 사람이냐?"

"네…… 히히히."

"그러고서 웃음이 나오냐?"

"네…… 히히히."

"근데요. 드릴 말씀이 있어요."

"뭔데 또."

"아뇨. 다른 게 아니라요. 낼모래 안과 또 오래요."

"그게 끝이냐?"

"네…… 히히히."

지금 그는 대전에서 아버지와 함께 집수리를 하며 산다.

정 반장

수리하는 사람

벽돌을 쌓기 위해 결국 정 반장이 왔다.

나와 일한 지 벌써 사 년째다. 오래 일을 했다는 것은 벽돌을 쌓는 광경을 바라보는 내 눈빛만 봐도 별 생각 없이 벽돌을 보는 것인지, 불만스럽지만 고쳐달라고 차마 말을 못하고 있는 것인지, 또 다른 궁리를 하고 있는 것인지를 대번에 알아챈다는 것이다.

"다시 쌓죠 뭐."

"다시 쌓을게요."

"다른 곳을 먼저 쌓을까요? 그동안 연구하시게……"

나의 요구를 한 번도 거부한 적이 없는 사람. 아무리 바쁘더라도 하루를 거르지 않고 오는 분이다. 그러다보니 나에게도 의리라는 것이 생기는데 별건 아니지만 '일을 하다가 다른 공정으로 인해 벽돌을 잠시 미루어야 할 경우가 생겼을 때에도 일을 중단하지 않는 것, 다른 벽돌공들과 함께 일할 경우 나의 요구가 그를 통해서 다른 이에게 전달되도록 하는 것, 다른 조적공들이 보는 앞에서 그에게 앞으로의 공정과 디테일에 대한 자문을 구하는 것, 다른 사람을 부르지 않고 혼자서 오래도록 편안하게 일하도록 하는 것' 등이다. 말하자면 나와 일할 동안 만큼은 생계에 대한 불안 없이 마음 편히 일하게 하는 것이다. 그래도 이런 식의 의리를 실천하지 못할 때가 있는데 시간이 몰릴 때다. 전체 일정을 맞추려면 혼자서 쌓게 둘 수가 없다. 그렇다고 아무 조적공이나 부를 수가 없는 이유는 서로 간의 쌓기 방식이 다르고, 주도권에 대한 문제가 생기기 때문이다.

하지만 그는 거구의 덩치와 걸걸한 말투에 비해 섬세한 사람이었기 때문에 새로운 사람들과 일하는 것을 괴로워했다.

"정 반장님, 일이 좀 바쁩니다. 사람이 더 필요해요. 다른 사람을 부를 수밖에 없네요. 아무나 불러도 정 반장님께서 잘 리드하시니 걱정은 없습니다만. 사람이 새로 오면 벽돌 쌓기도 새로 가르치시면 되겠고요. 내일부터 새로운 사람을 나오게 하겠습니다. 반장님이 처음 보는 분이지만."

"잠깐요…… 그럼 딱부리를 부르겠습니다."

결국 딱부리가 왔다. 동탄에 있는 여덟 명의 조적공이 동원된 현장 책임을 다른 사람에게 맡기고.

"하이튼 친구를 잘 만나야지 저 새끼 때문에 인생이 꼬인다니까요. 등치만 크지 머리는 여~엉. 어릴 때부터 밥을 얼마나 처먹는지요. 잠깐 어디 갔나 하면 즈네 집 부엌에 들어가서 밥을 한 양재기씩 먹고 있어요. 저놈은 하이튼 없어지면 밥 처먹으러 간 거야. 숨바꼭질을 하다가도 배고프면 집에 가고, 심지어는 학교에서 수업하다가도 집에 갔어요. 그럼 선생님이 나랑 친한 걸 알고 집에 보내요. 데리고 오라고. 그때부터 속을 썩이더니 꼭 바쁠 때만 부른다니까."

그들의 수다는 종일토록 이어졌다. 노동요처럼.

서 반장

수리하는 사람

서 반장은 오랫동안 함께 일해온 나이든 목수다. 어릴 적부터 가구를 만들어온 사람이라 솜씨가 꼼꼼했지만 자신의 뜻에 어긋나거나 자신의 기준에 부합하지 않으면 타협을 안 했다.

"소장님, 그렇게 살면 안 됩니다."

#1

"이번 설날에 차례 지내시죠?"

"예. 제사래야 엄마밖에 없고요. 아버지 제사는 큰집에서 지내죠. 우리집은 작은집 중에서도 셋째 작은집이거든요. 말하자면 전 서자입니다. 첩의 자식요. 자식이 모두 열여덟 명인데 아버지의 본부인에게서 여섯 명, 둘째 부인에게서 여섯 그리고 셋째 부인인 우리 엄마에게서 여섯이고 제가 그중에서 젤 막내입니다. 아부지가 저를 육십둘에 낳으신 거죠. 꼭 지금 제 나이에요. 큰집의 큰형이 우리 엄마보다 한 살 어려요. 엄마가 기미년생이니까 어떻게 되나. 하이튼 제가 어릴 때 그놈이 우리 엄마 머리끄덩이를 잡고 안방을 몇 바퀴 도는 걸 봤죠. 엄만 울고. 크면 꼭 복수하겠다고 마음을 먹었는데 제가 다 크기도 전에 죽었어요. 나무에서 떨어져서."

"상처가 됐겠네요."

"네. 오래가더라고요, 복수심이. 근데 큰형이 죽으니까 그 동생년이 또 엄마를 괴롭히더라고요. 그년은 때리지는 않는데 꼬집어요. 여기저기를 할퀴고. 그럼 엄마는 피하기만 하고 도망 다녔어요. 뭐 어쩌겠어요. 같이 꼬집을 수도 없잖아요. 따지고 보면 자식인데요. 그랬다가 본부인, 둘째 부인 자식들이 한꺼번에 덤벼봐요. 그것만 열두 명이잖아요? 우린 나이 어린 여섯뿐이고 어휴. 그래서 계속 도망만 다니셨죠."

"아버지가 그 사실을 아셨나요, 어머니가 구박받는 것을?"

"아니죠. 아버지 계실 때는 전혀 내색을 안 하다가 밖에 나가시면 그랬어요. 아버지는 만주에서 개장수를 했는데요. 소장님, 근데 왜 웃으세요? 농담으로 아시는 거죠? 제가 이런 말을 하면 사람들은 우스갯소리로 그러는 줄 알아요. 진짜 개장수였어요. 키가 일 미터 팔십이에요, 그때 키로는 아주 컸죠. 한번 나가면 몇 달씩 안 들어오셨어요. 집에 들어오셔봐야 별 차이도 없었지만요. 그분은 술만 드리면 만사 오케이였거든요. 다른 건 관심이 없어요. 심지어 자식인 제 이름도 잘 몰랐어요. 제 이름이 병만이잖아요. 어떨 땐 병달이라고도 부르고 또 어떨 땐 병연이라고도 부르고 그래요. 그래서 '아버지 제 이름은 병달이가 아니라 병만이입니다!'라고 하면 '그게 그거 아니냐?' 그러시더라구요. 그담부터는 비슷하면 대답했죠. 그러다보니까 아들이 여러 명 있을 땐 몇 명이 동시에 대답을 하기도 했죠. 형제들이 병자 돌림이거든요. 하긴 자식이 열여덟 명인데 그 이름을 어떻게 다 기억하겠어요? 무리지."

"아버지가 엄마를 사랑하셨나요?"

"모르죠 그건. 하지만 우리집에 머무는 시간이 많은 건 분명했어요. 그게 이해가 되는 게요. 첫째 부인은 뭐 한 사오 층에서 던진

메주보다도 못해요. 진짜진짜 못생겼는데 서로 얼굴도 안 보고 결혼했대요. 우리 엄마는 일본에서 공부하시고 교사로 있었는데 아버지가 총각이라고 속이고 여관에 데리고 갔다고 합니다. 엄마도 아버지한테 반한 거죠. 결혼 후 집에 오니까 총각은커녕 마누라가 이미 둘이고 그 소생만 열둘이니 말 다한 거죠 뭐. 제가 볼 땐 우리 엄마가 셋 중에서 젤 예뻤어요. 모르죠. 둘째 부인 자식들은 지 엄마가 더 예쁘다고 생각할지도요.

웃기는 게요, 서자에도 서열이 있다는 겁니다. 음식 먹고 그럴 때도 우리는 꼬래비로 줘요. 업신여기고. 제사 때는 앞에 서 있지도 못하고요. 그래서 제가 따졌죠. 모두 같은 형제인데 왜 차별하냐구. 그랬더니 넌 서자잖아 그러는 거예요. 그것도 둘째 부인 큰딸년이요. 그래서 넌 서자 아니냐? 그랬더니 자기는 둘째 부인의 소생이므로 비록 서자지만 니늘과 다르다고 하더라구요. 웃기는 년 아녜요? 첩의 자식이면 다 똑같지 둘째, 셋째가 어딨어요. 첫째가 아닌 건 마찬가지잖아요. 뭐 그래 봤자 소용도 없어요. 이젠 연락도 안 하고. 아참, 한다 가끔. 지들 집수리할 때 불러요. 공짜로 할 속셈인 거죠. 서로가 뭐하는지 정도는 알거든요. 하이튼 첫째, 둘째 부인과 그 자식들 때문에 우리 형제 정말 고생했어요. 첫째 부인은 집이 안국동였어요. 지금도 기억나는데 집이 컸죠. 둘째는 옛날 나폴레옹제과 바로 옆집였고, 우리집은 돈암동이었는데 지금은 아파트가 들어섰지만 그땐 공동묘지였어요. 사람도 안 살았고, 엄마가 돈을 벌어 생활하셨죠. 일본서 배운 양장을 만드는 기술이 있었는데 집에서 그 일을 하셨어요. 가게가 없으니까. 그러다가 아버지 오시면 며칠씩 일 못하시고. 사실 내가 우리 아버지였어도 우리 엄마 집에서 잘 거예요. 누가 헌 마누라랑 자고 싶겠어요? 나이가 드니까 아부지를 이해하겠더라고요. 소장님도 알다시피 저도 본 마누라 집엔 잘 안 가고 연희동 집에 자주 가잖아요. 아부지랑 같은 이유예요."

#2

"연희동댁과 아주머니는 서로 아나요?"

"그럼요. 통화도 하는 것 같던데."

"네? 정말?"

"네. 며칠 그 집에 안 가면 전화 오거든요. 어떨 때 제가 화장실 가거나 하면 대신 전화를 받기도 하더라고요. 저번 언젠가는 화장실 갔으니 다시 전화하라고 하는 걸 제가 들었어요. 전 아침에 출근할 때 마누라에게 대놓고 말해요. 나 오늘은 연희동 간다. 그러면 그날은 안 들어오는지 알아요."

"자식들도 알아요?"

"아는 것 같아요. 요전엔 한 몇 달을 안 들어갔더니 신부님 될 아들이 연희동을 찾아와서 더이상 안 들어오면 아버지라고 안 부르겠다고 하더라고요. 엄마에게도 아버지가 곧 들어오실 거라고 위로했으니 자기 체면을 생각해서라도 좀 들어오시라고 하더라구요.

그러는 걸 보면 다 아는 눈치죠. 딸년이 결혼을 안 하는 건 어쩌면 내 영향일지도 몰라요. 하지만 나이 육십 먹어서까지 마누라로부터 자유를 보장받지 못한다면 그건 실패한 인생이죠. 저는 일주일에 서너 번은 다른 데서 자고 들어갑니다. 그리고 마누라에게도 그러라고 말하죠. 너도 애인 하나 만들어서 어디 가서 자고 들어오라고요. 그래야 평등한 거니까요."

#3

이른 아침 팀장이 서 반장으로부터 받은 카톡 메시지를 보내왔다.

팀장님, 서 반장입니다. 우리 딸이 오늘 새벽에 교통사고가 나서 서울대학병원 응급실에 있다고 연락이 와서 지금 병원으로 가는 중입니다. 자세한 것은 저도 지금 모르겠고 이따가 제가 전화를 걸어줄게요. 아무래도 오늘 출근을 못할 거 같네요. 죄송합니다.

그 소식을 듣고도 우린 서 반장의 딸을 걱정하기보다 늦어진 공사 일정과 그의 부재로 인해 추가적으로 발생할 공백을 걱정했다. 심지어 의심하는 분위기도 있었다. 현장 사람들은 작든 크든 사고가 나서 병원에 가면 응급실에 먼저 들르는 것이 상례일 뿐, 말 그대로 '응급한 상황'이기 때문에 응급실에 가는 것은 아닐 거라고 말했고, 딸의 상태를 먼저 말하지 않고 응급실을 앞서 언급한 것은 뒤이어 나올 "아무래도 오늘 출근을 못할 거 같네요"라는 말을 떳떳하게 하기 위해서였을 것이고 그것이 사실이라면 딸의 경미한 교통사고를 빙자하여 하루 정도를 농땡이 치겠다는 계산이 아니겠냐고 수군댔다.

경험으로 볼 때 일당을 받는 일꾼과 정기적으로 월급을 받는 직원의 큰 차이 중 하나가 월급쟁이는 개인 사정이라며 하루나 이틀 정도는 결근해도 된다고 생각하는 이들이 많다는 것이다. 이런 이점을 활용하고 싶을 때 가장 빈번하게 사용되는 레퍼토리가 바로 서 반장의 그것처럼 누구누구의 교통사고나 누구누구의 생신 등 근친들을 이용하는 것인데 이를 거절할 경우 인간의 기본적인 도리마저 긍정하지 않는 인정머리 없는 업자가 된다는 논리적 틀을 벗어나기 어려워 대개는 수긍하고 말았었다. 이번에도 그런 경우라고 생각했는데 그걸 입증이라도 하려는 듯 염려를 가장한 팀장의 전화를 서 반장이 받지 않자 우리의 추정은 거의 확신 수준으로 돌입했고 출근이 사실상 불가능한 오후 세시 이후에나 전화를 받고는 '어차피 오늘은 늦었으니 내일 출근하겠습니다'로 마무리할 것이라고까지 말하며 '분명히'라는 수식어를 덧붙였다. 그 즈음 전화가 왔다.

"소장님, 서 반장입니다. 죄송합니다."

"죄송은요. 따님은 어찌되었나요?"

"인명은 재천입니다."

"한자 쓰지 말고 쉽게 말해주세요."

"뚜껑을 열지 못했습니다. 못 연대요."

'뚜껑'이라는 말을 들으며 그것이 사고 난 차의 뚜껑이 아닐지 모른다는 생각을 할 수 있었던 것은 그가 그 어느 때보다 차분했기 때문이다. 더구나 '인명은 재천'이라는 말을 사고 당일에 했으니.

"우리 딸이 대학병원 간호사입니다. 그냥 간호사가 아니라 수간호사요. 거기서만 육 년을 근무했으니 당연히 수간호사가 되는 게 맞죠. 결혼도 안 했어요. 왜인지는 잘 모르지만 전 그런 문제에 대해 자유롭거든요. 걔가 어릴 때부터 남동생하고도 친했는데 지금은 신부가 된다고 신학교에 들어간 바람에 떨어져 살지요. 왜 하필 장가도 못 가는 신부가 된다고 그러는지. 목사면 또 몰라. 한마디로 내가 끊긴 거죠 뭐. 하긴 내가 이어서 또 뭘 해. 자식들 속만 썩이지. 그나저나 이런 사고를 학교에다 말해도 못 빠져나올 텐데…… 하긴 나오면 또 뭘 하나 동생을 알아보지도 못하는데. 근데 여자들은 왜 그러죠? 걔네 엄마는 밥도 안 먹어요. 한 끼도. 오늘이 며칠짼데. 그런다고 살아나나? 그나저나 제가 현장 불은 끄고 나왔던가요? 기억이 잘 안 나네. 어떡하죠?"

"반장님, 지금 현장 불을 끄고 나왔는지, 신부 될 아들이 장가를 못 가서 어떻게 하냐가 중요해요?"

"아까 다 말씀을 드렸잖아요? 그게 다예요. 뚜껑을 못 연대요.

피가 꽉 차서요."

"차에?"

"아니, 뇌에요."

그와 전화를 마친 후 우리는 말을 잇지 못했다. 밤샘 근무를 마치고 새벽에 귀가하면서 탄 택시가 무슨 마음을 먹었는지 중앙선을 침범하며 질주하다 마주 오던 시내버스와 충돌하는 바람에 의식불명이 된 딸을 만나러 간 아버지를 그렇게 험담했으니 말이다. 이튿날 출근한 그가 여느 때와 다르지 않게 작업벨트를 허리에 차고 세 봉지의 일회용 커피를 종이잔에 타서 마신 다음 누구보다 먼저 컴프레셔에 전원을 연결하여 나무를 자르기 시작했을 때, 우리는 바리새인처럼 그의 행동을 지켜봐야 했다. 어찌 보면 성자 같기도 했고 탈속한 라마승과도 닮아 있었다.

"짜아식들. 하필이면 우리 딸을 그 운전사 놈과 나란히 누여놓을 게 뭐람. 더군다나 운전사 피 검사를 했더니 마약 성분이 나왔대요. 약을 먹고 운전한 거죠 그놈이. 그래서 병원에 따졌죠. 왜 남자를 옆에 누여놨냐고. 침대는 다르지만 그래도 성인 남녀를 그렇게 나란히 누여놓으면 안 된다고 말이죠. 그랬더니 응급실 침대가 그것밖에 없다는 거예요. 환자들이 하도 많아서요. 뭐 어쩌겠어요. 그들도 방법이 없으니까 다 큰 남녀를 나란하게 누여놓은 거 아니겠어요? 그것 말고 나머진 큰 불만 없어요. 정형외과 과장이 늘 내려와 서 있어요. 당연한 게, 육 년을 거기서 있었으니까 담당 의사가 아니더라도 그럴 만하다고 봐요 전. 게다가 수간호사니까요. 전 대학병원에 간호사가 그렇게 많은지 몰랐어요. 다들 한 번씩 와서 울고 가더라고요. 하긴 육 년을 근무했으니 뭐, 그것도 수간호사로."

서 반장에게서 평상시와 다른 점을 발견할 수가 없었던 반면 우리의 쑥덕거림은 더욱 은밀해졌고 표독스러워졌다. "정말 아무렇지도 않을까? 사람인데…… 그래도 아버진데. 혹시 허영심 아냐? 아님 독하거나 어쩜 정이 없어서 그럴지도 몰라. 그게 아니고서야 어찌. 맞다, 그동안 딸에 대해 말한 적이 한 번도 없었지?" 따위의 험담 말이다. 그러던 어느 날 술이라면 마다 않던 그였으므로 이번에도 위로를 가장한 얼굴로 동태를 살펴보기로 했다.

"반장님, 술 한잔 사드릴까요?"

"아니요. 오늘은 좀……"

"왜, 오늘 언신내 가세요? 아님 연희동으로? 혹시 새로운 여인?"

"그건 아니고요."

"이미 술 약속이 있는 게로구나……"

"그건 아니고요."

"그럼 뭐."

"……"

"말해봐요. 뭐요. 오늘은 술이 안 땡겨?"

"아니요…… 울 것 같아서요."

아버지였던 것이다. 그렇게 실없는 이야기라도 하지 않고는 견디기 힘들어서였던 것이다. 시집도 안 가고 아픈 사람들을 위해 평생을 살겠다던 딸이 너무 불쌍해서였던 것이다.

#4

그는 참 남달랐다. '인명은 재천'이란 말을 했던 사람의 의연함을 지키려는 것일까. 정상으로 출근했고 저녁에는 늦게 퇴근했으며 여느 때처럼 농담을 즐겼다.

"우리 딸년은 그리 좋아하던 피자도 못 처먹고 어쩌면 좋아그래."

심지어 설 연휴에도 현장에 나와 마루를 짰다.

"오늘 휴일인데 어쩐 일이세요?"

"걱정 마세요. 설인 내일하고 모레는 쉬려고 합니다. 아들과 마누라를 위로도 할 겸 동해안 한 바퀴 돌고 오려구요. 전 괜찮은데 즈이 엄마는 그게 아닌가봐요. 특히 아들 친구들이 고마워서요. 가톨릭 신학교에서 친구들 네 명이 휴가를 나왔는데 단 한 시간도 안 빼고 연달아 기도를 올립니다. 자기들이 제 딸을 한 번이라도 본 것도 아닌데 친구의 누나라는 이유로 그렇게 기도를 올리는 게 얼마나 고마운 일인지 몰라요. 나라면 어림없죠. 보셨잖아요. 지 딸년이 식물인간이 되어 누워 있어도 피자 한 판을 다 먹는 거요. 솔직히 말하면 저번에 피자 시켜 먹을 때 치킨 피자 하나 더 사서 마누라에게 주라고 하셨잖아요? 그것도 차 안에서 제가 다 먹었어요. 그

나저나 아들이 신학교를 그만둔다네요. 그렇게까지 기도했는데 누나가 낫지 않는 걸 보고 실망이 컸던 모양이에요. 그 정도 신앙심이면 지금 관두는 게 낫죠. 우리 집안에서 신부 한 명 나오는 게 큰 자랑이라서 돈이 많이 들더라도 이제껏 돈을 댔거든요. 신부 옷 한 벌이 얼만지 알면 기절할 겁니다. 아니 하느님이 병 고쳐주는 사람인가? 암튼 저 따라 다니면서 목수 일 배우겠대요. 예수도 목수였다면서."

수리수리
집수리

나무의 수리 · 방의 수리 · 평생수리

집수리 전 **철거**

지하층

1층

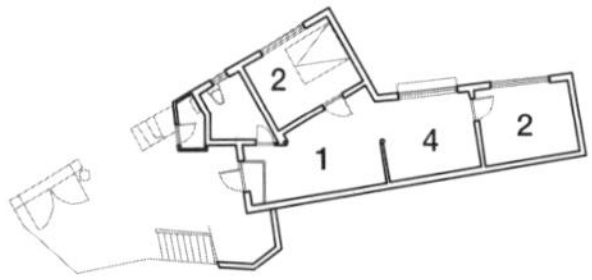

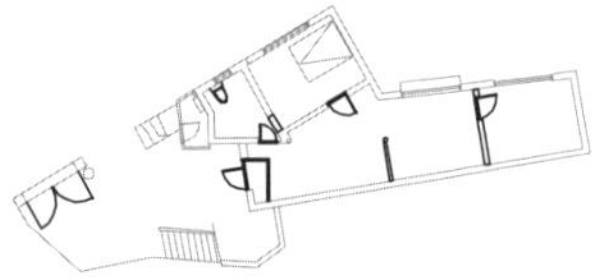

2층

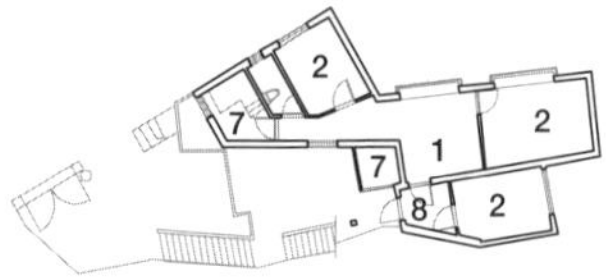

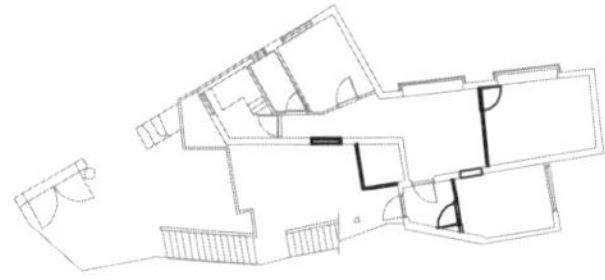

3층

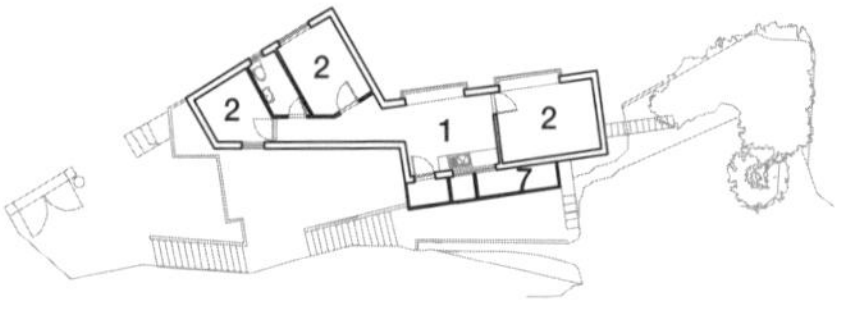

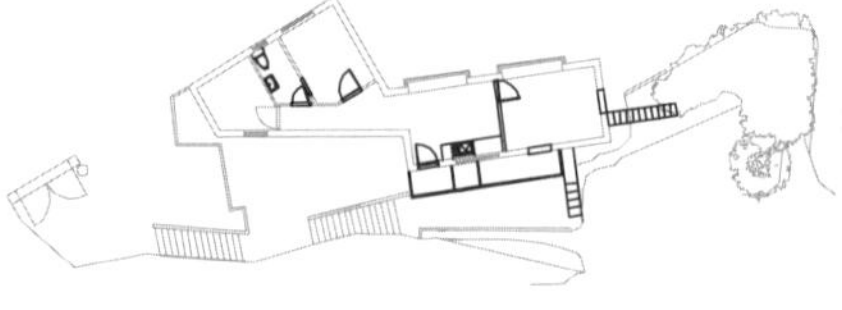

---

1 거실 **2** 방 **3** 드레스룸 **4** 부엌 **5** 식당 **6** 서재 **7** 창고 **8** 현관 **9** 덱 **10** 대문간 **11** 마당 **12** 장비고

수리

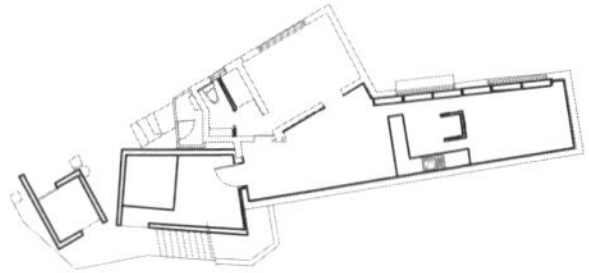

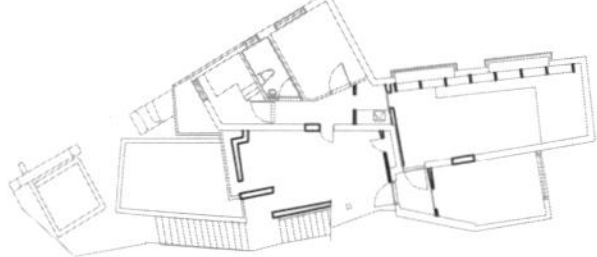

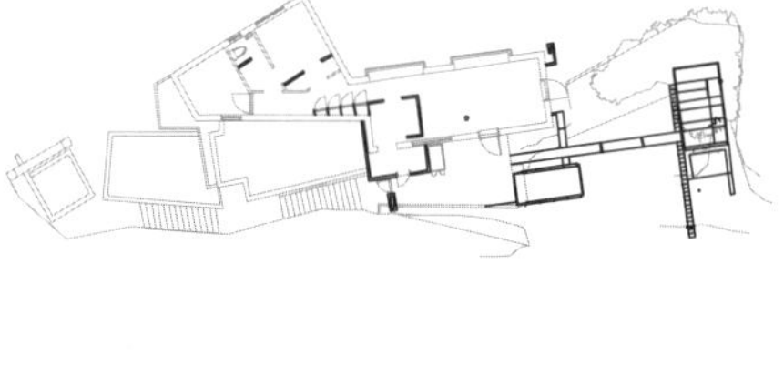

집수리 후

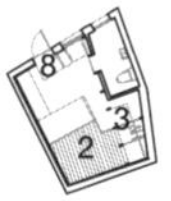

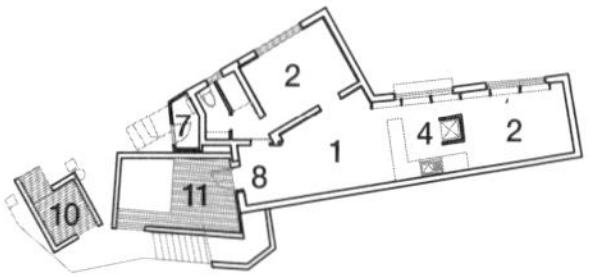

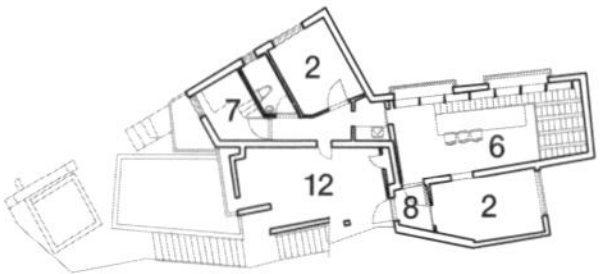

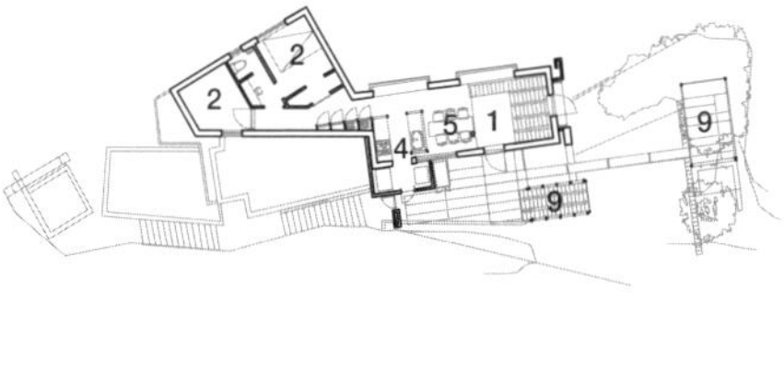

나무의 수리

큰 나무가 있는 집을 부러워했고 그런 집에 살 수 있길 바랐던 터라 마당에 있는 큰 살구나무를 보고 얼마나 기뻤는지 모른다. 하지만 바라던 나무와는 달랐다. 굵은 둥치에 비해 가지의 숱은 적고 사방으로 뻗어나간 모습이 제각각 달랐는데 이유를 보니 옆에 있는 감나무를 위해, 살구가 슬레이트 지붕에 떨어지면 천둥소리가 난다는 장로 집의 성화로 인해, 채소에 닿는 일조량을 높이기 위해, 가지가 높아지면 살구 따는 것이 어렵다는 이유로 인해, 가지가 마구 잘렸던 것이다. 그동안 나무는 자신이 아니라 사람들이 원하는 대로 산 것이다. 잘려진 나무 둥치를 만지며 약속했다. '이제부터는 네가 원하는 대로 살게 될 거야. 수형樹形을 잡는다면서 가지치기를 하거나, 옆집에서 민법을 들먹이며 경계선을 넘어온 너의 몸을 자르려 하거나, 배추와 토마토에 햇볕이 덜 닿는다는 이유로 네 몸에 손대는 일은 다신 없을 거야. 다만 살구를 따는 날이면 가끔 네 몸 위를 올라갈게. 그 대신 봄이 되면 오랫동안 숙성한 들깻묵이며 닭똥을 썩힌 거름을 충분히 주는 것은 당연한 일이겠지. 그게 아무것도 아닌 것 같지만 서울이란 동네에서 깻묵을 냄새가 안 나도록 썩히기 위해선 동네 사람들의 눈총을 얼마나 받아야 하는지 알아줬으면 해. 농약, 화학비료 그런 건 걱정하지 마. 그네를 매달지도 않을게. 대신, 대신 말이지 살구 좀 많이 열어주라. 기왕이면 큼직하게. 주변에 자랑을 많이 했거든.'

약속의 징표로 쇠로 만든 집을 그녀에게 선사했다.

가을이 되자 가지를 자른다며 미용사인 샤갈 장이 놀러 왔다. 가위를 허리에 차고.

"어릴 적 우리집에도 살구나무가 있었는데유. 나무에 올라길 수가 없었어유."

"그때도 뚱뚱했나봐?"

"아뇨. 굵어서유."

"배가?"

"나무가유. 굵어서 한 아름에 안 되니께유. 나중에는 나무가 지붕을 덮어유. 완전히 덮구두 남아유. 그때 되면 한쪽에서는 나무가 썩어가면서도 다른 한쪽에서는 꽃이 피쥬. 그러니께 절반만 피는 거쥬. 점점 씨알도 작아지고…… 꽃도 늦게 피고, 대신 바람 한번

불면 싹 지쥬. 왜 그런지 몰라도 하필 꽃이 피면 비가 한 번 오거든유. 벌이 날아오기 전에 싹 지는 거쥬. 좋은 점도 있쥬. 지붕으로 올라가서 살구를 따면 되니께유. 그 대신 다 걸리쥬."

"……"

"지붕에서 소리가 나니께 집주인이 다 알거든유. 그땐 죄다 초가집이니께유. 히히히. 근데 가지는 언제 자를까유?"

"안 돼. 약속을 했거든. 가지치기 안 하기로."

대신 내 머리를 들이밀었다.

"깎아."

방의 수리

방의 천국

지하1층 지상3층 모두를 합쳐야 46평의 집에 아홉 개의 방과 층마다 거실 겸 부엌, 화장실, 계단실이 있다. 다가구주택은 공간의 넓이보다 방의 개수가 전세금을 결정하는 중요한 근거이기 때문이다. 그러나 그것은 다가구주택일 때 유리했다. 전세 보증금을 돌려줄 수 있을 때가 온다면, 그리고 돌려줄 수 있는 전세 보증금이 마련되어 내가 원하는 대로 수리를 할 경우 복순이 할머니가 자랑스러워하던 그 많은 방들은 방의 개수만큼 나를 곤란케 할 것이다. 왜냐하면 그 방들은 공간을 구성하는 단위일 뿐만 아니라 그 자체로 기둥의 역할을 하므로 함부로 철거하거나 변경할 수 없기 때문이다.

불법 구조 변경

옛날 집을 수리할 때 무서운 복병은 이미 수리되어 변형된 상태를 알 수 없을 때인데 그것을 발견하기 어려운 것은 설계도면이 존재하지 않는 경우가 많아서다. 그렇다고 이사를 가면서 언제 어디를 불법으로 수리했으니 조심하라고 인수하는 경우도 없다. 또다른 이유는 불법 변경의 흔적이 천장 속이나 미장된 표면 속에 감춰져 있기 때문이다. 그런 경우를 가정하지 않고 현재 보이는 공간이 최종이라고 판정하고 그것을 대상으로 건축적 지식을 동원하여 내력벽 비내력벽의 판정을 하면 정말 아찔한 경우가 생긴다(공무원이 이 글을 보지 않기를 바라며). 이 집도 그런 부분이 있다. 준공이라고 부르는 절차를 통과할 경우를 미리 가정하여 공사한 부분들인데 대부분이 단열, 난방, 방수가 안 돼 있고 철근의 연결 없이 한몸처럼 보인다는 것이다. 이걸 발견하는 것은 정말 어렵고도 중요하다.

살림방 수리

우선 내가 살 3층부터 수리를 시작했다. 후나세 슌스케의 저서 『콘크리트의 역습』에 따르면 재료에 따른 생존율은 이렇다. 콘크리트: 7퍼센트, 금속: 41퍼센트, 목재: 85퍼센트.

대문간 스케치

대문간 수리

아들 방 수리

1층에는 예전 주인 복순이 할머니가 분양받은 아파트에 입주하기 전까지 살고 있었다. 집수리업자의 좋은 점은 언제든 수리할 수 있다는 것이다. 같은 이유로 한없이 수리가 미뤄지기도 하는데 복순이 할머니 집이 그랬다.

"아이고. 집수리쟁이 집에 살다보니 드롸 죽겠구만……"

"할머니, 언제든 치울 수 있으니 걱정 마세요."

그렇게 일 년을 넘긴 후 할머니가 이사를 갈 즈음 아들이 결혼해서 이곳에 살기로 했다. 쌓인 쓰레기는 치우면 되겠지만 건너편 옥탑방에서 마당이 내려다보이는 것이 문제였다. 이곳에 살 사람은 복순이 할머니가 아니라 신혼부부여서다. 아들과 거래를 했다.

"매달 월세를 낸다면 살게 해주지……"

"마당의 쓰레기 치우고, 건너편 집에서 내 방이 보이지 않게 수리해준다면 이 집에서 살아주지……"

장비고 수리

2층에 있는 외부 공간을 개조하여 집수리 장비를 보관하는 곳으로 우린 이곳을 탄약고라고도 부른다. 현장마다 기본 장비들이 있지만 중요한 것은 이곳에 보관하면서 공급을 한다. 그런데 그 정리가 만만치 않다. 종류도 많지만 크기, 무게가 모두 다르기 때문인데 누구든 필요할 때 손쉽게 찾기 위해서는 속성별로 구분하는

것이 필요하다. 자르는 것, 째는 것, 파내는 것, 패는 것, 구멍 내는 것, 갈아내는 것, 쪼개는 것, 뚫어내는 것, 도려내는 것, 집어내는 것, 찍어내는 것, 붙이는 것, 조이는 것, 재는 것, 뽑아내는 것, 발라내는 것, 덧대는 것, 연결하는 것, 빨아내는 것, 켜내는 것, 뽀개는 것……

그것들은 다시 놓이길 좋아하는 것, 매달리길 좋아하는 것, 세워지길 좋아하는 것, 꽂히길 좋아하는 것, 쌓이길 좋아하는 것, 담기길 좋아하는 것, 포개지길 좋아하는 것, 겹쳐지길 좋아하는 것, 독립되길 좋아하는 것, 걸리길 좋아하는 것, 꿰어지길 좋아하는 것, 나열되길 좋아하는 것…… 으로.

공부방 수리

2층에 살며 부동산을 하는 부부가 이사를 갔다. 아니 내보냈다. "정이 들었는데 좀더 살면 안 될까요?" 오랫동안 2층에 살면서 복순이 할머니네 집값이 더 떨어지면 헐값에 사려고 기다렸다가, 우리가 산다는 소식을 듣고 복순이 할머니에게 웃돈을 올려줄 테니 자기들과 계약을 하자고 했다. 그것이 여의치 않자 심술을 부려 우리가 중도금을 치르기 직전에 집값을 올린 구원舊怨에 대한 복수였다.

평생수리平生修理

다가구주택의 장점은 역시 전세 보증금으로 인해 건물의 매입비용을 한꺼번에 지불하지 않아도 된다는 점과 경제 사정에 따라 세입자들의 이동 시점을 조절하며 자신의 집으로 만들 수 있다는 점이다. 물론 이 장점은 공간을 확장하고자 할 때 경제적 능력이 충족될 경우다. 이 집의 경우 처음에는 3층만을 수리했고, 1층에 살던 복순이 할머니가 이사를 가자 아들이 그곳에 살게 되면서 다시 수리한 후 이듬해는 지하층을 민박용으로 만들고 아들이 유학을 떠나자 3층의 살림집을 그곳으로 옮겨 아들이 쓰던 신접살림을 그대로 인수한 후 3층은 민박으로, 2층 살던 복덕방 사장이 나가자 그 바깥은 장비고로, 안쪽은 서재로 수리했다. 모두 3년이 걸렸다.

3부 철민이네 집수리

이제 집수리가 모두 끝나고 살기만 하면 되겠구나 싶었는데 얼마전 아들로부터 연락이 왔다. 그는 패션 공부를 마치고 현재 이태리에서 테일러가 운영하는 회사에 다니고 있는데 언젠가 귀국을 하면 자신도 회사를 오픈할 계획이라며 원하는 장소는 2층의 내 서재며 서재와 옆방 사이에 있는 벽체를 철거할 수 있는지를 물었다. 서재에 있는 책장은 책 대신 양복 원단으로 채울 것이라고 구체적으로 말했다. 기가 막혔다. 내가 사용하는 공간을 아무 허락 없이 제 것으로 쓰겠다니 말이다. 네 살 적부터 "아빠, 귓구멍이 막혀 죽은 사람이 불쌍해? 아니면 콧구멍이 막혀서 죽은 사람이 더 불쌍해?"라며 나를 괴롭히더니 커서는 "나무로 단추를 만들면 어떨까? 조개로 만든 것도 있고, 돌, 쇠로 만든 것도 있지만 나무는 못 봤어. 그냥 나무가 아니라 감물을 들여서…… 그리고 단추가 옷을 여미는 기능이 아니라 그 자체로 패션이 되게……"라며 집수리 현장에서 쓰던 나무를 일정한 크기로 만들어달라고 했다.

당시 나의 관심 중 하나는 목재에 사용하는 도료였는데 시중에 나오는 제품은 여러모로 불충분했다. 특히 야외에서 자외선에 장기간 노출된 목재를 보호하면서도 신체에 닿았을 때 나무의 본성이 그대로 유지되는 소재를 찾고 있었다. 그러던 중 일본에서는 목재에 감물을 먹이는 방법이 오래전부터 사용되어온 것을 알게 되었다. 그들은 목재뿐 아니라 옷, 종이에도 이 방법을 적용했는데 탄닌 성분이 많이 함유된 익지 않은 감즙을 채집하여 사용한다. 이것을 사용하면 방부는 물론이고 방충의 역할까지 겸하면서 목재의 질감을 그대로 느낄 수 있다는 점에서 서양 도료인 오일스테인과는 차이가 난다. 감물을 칠하는 횟수와 농도에 따라 시간이 지나면서 표면 색상이 변한다는 것 또한 매력적이었다. 감물을 칠하면 처음에는 선홍빛을 띠다가 시간이 흐르면서 짙은 암갈색으로 바뀌면서도 높은 채도를 유지하는데 집수리 현장에 놀러온 아들이 그것을 보고 단추처럼 동그랗게 오린 나무에 감물을 먹이더니 그 과정을 포트폴리오로 만들어 영국의 패션 대학교에 들어갔었다. 지금은 입사한 지 1년 만에 90퍼센트가 퇴사를 하고 그렇게 남은 사람의 90퍼센트가 2년 안에 그만둔다는 악명 높은 테일러 회사에서 평생 동안 단추만 다는 장인, 평생 동안 단춧구멍 주위의 감침질만 한다는 장인, 평생 동안 안주머니만 만든다는 장인들과 함께 일을 하면서 자신 또한 테일러 회사를 차리겠다고 계획한 것인데 하필이면 그 장소가 나의 서재였다.

생각해보면 명륜동과 피렌체는 매우 다르면서도 동네의 밀도가 높고, 골목길로 이어지는 도시 구조가 유사하다. 이는 수작업 위주의 테일러의 이미지와 잘 맞아떨어지기도 했다. 이런 생각이 들자 언제일지도 모르는 미래를 코앞에 둔듯 설계도면을 출력하여 설계를 시작했다. 이런 행위는 거의 직업병에 가깝다. 이 집을 계약하기 전부터 몰래 실측을 하고 셀프 설계를 했던 것처럼. 영화 〈팬텀 스레드〉의 장면처럼 테이블 위에는 트레싱지와 연필 대신 원단 샘

플과 가위가 놓여질 것이다. 벽면에 설치된 스크린과 오디오, 프린터, 빔프로젝트는 움직이지 않고 그대로 사용할 수 있고, 건넌방과의 벽체를 완전히 제거할 수는 없겠지만 기둥으로 보강을 해 미팅룸 등 차별화된 공간으로 꾸미면 되고 동쪽으로 있는 작은방은 고객이 옷을 갈아입거나 치수를 재는 공간이 되면 될 것이다. 이것이 이 집에서의 마지막 수리일까?

벽면의 붉은색은 감물을 칠한 것이다. 철민이가 이곳에서 테일러로 일하게 되면 책장에는 책 대신 원단이 놓일 것이다.

4부

예진이네 집수리

2017

집수리,
사람들

센 땅 위에
지어진 집

유진이네 집

"저기도 내가 본 집인데……"

유진이네는 청운동, 부암동, 궁정동, 필운동, 평창동, 신영동 일대의 어지간한 집과 동네의 지리를 잘 알고 있었다. 이 부근에서 오래 살았던 이유도 있지만 집을 구하면서 자연스레 알게 된 것이다. 5년 동안 틈만 나면 집을 찾아다녔으니 당연하다. 누구든 마음에 드는 집을 만나는 건 어려운 일이다. 그렇다고 해서 "전망은 좋은데 주차 공간이 없어서……"라는 식의 산동네에서는 해결될 수 없는 조건을 찾는 사람들도 아니었다. 그들의 관심은 가까운 마트, 부동산 가치의 상승, 훌륭한 전망이 아니라 두 딸이 살기에 안심할 수 있는 안전한 환경이 전부였다. 어찌 보면 단순하다. 그렇지만 부암동은 경사지가 많은 동네여서 외진 길이 많았고, 길이 넓으면 찻길에 가까워 소란했다. 그렇게 오랜 시간을 보내다 찾아낸 집은 길 건너편에서 군인과 의무경찰이 24시간 보초를 서는 그런 특별한 집이었다. 물론 그들이 유진이네를 지키기 위해 있는 것은 아니다.

그러나 유진이네는 옆집 담장이 자신의 집 경계를 침범하고, 뒷집은 골목을 침범하고, 알고 보니 자신도 뒷집의 경계를 침범하고 있다는 사실을 알게 되었다. '오래된 동네는 다 그렇다'는 말을 듣고 안심도 해봤지만 그래도 이건 아니다 싶어 건축법을 살펴봤다. 알고 보니 집 앞 골목은 도로의 최소 폭인 4미터에 미달되었고 그것을 해결하려면 자신의 토지가 세 평이나 공제되고, 북쪽 방향은 일조권으로, 전면은 앙각 규정으로, 건물 높이는 문화재 보호 규정으로 제한을 받기 때문에 허용된 건폐율과 용적률은 사실상 쓸모가 없었다. 그래도 이번 집수리를 하는 참에 큰 도로변으로 난 대문도 골목 쪽으로 두겠다고 마음(만)을 먹고 있었는데 그걸 어찌 알았는지 뒷집 할아버지가 찾아왔다. 그는 "에~ 알다시피 저는 이 골목길을 우리집 마당처럼 생각하고 있습니다. 올해는 상추와 배추를 심어 그걸로 김장도 하려고 합니다. 따라서 저는 이 골목에 귀댁의 대문이 생기는 것에 대하여 반대합니다"라며 '반대'라는 단어 속에 포함된 자신의 의지가 소홀히 받아들여질 경우 민원을 넣을 수 있음을 암시하고 돌아갔다.

고맙게도 일 년 365일 하루 24시간을 내 집을 향해 보초 서는 군인과 경찰 덕분에 자녀들의 귀갓길 걱정이 없는 곳, 그래서 도둑들은 얼씬도 못하는 곳, 심지어 몰래 차를 긁고 달아나는 사람까지 귀띔을 해주는 곳, 하지만 그들의 예리한 눈빛이 자녀들의 안전과 도둑들과 차를 긁고 달아나는 사람뿐 아니라, 혹시라도…… 혹시라도 자신의 집 마당과 거실까지도 꿰뚫어볼 수 있는 위치에 있다면, 그리고 그들이 성능 좋은 쌍안경으로 주변의 동태를 살피는 듯하면서도 왠지 이 집을 향하는 것 아닌가 하는 느낌이 드는 그런 곳에 살고 있다면. 얼마 전만 하더라도 군인들이 관리하는 지역이어서 일반인들은 접근할 수 없었던 터라 외부의 시선을 신경쓰지 않고 살았었는데, 어느 날 북한산 성벽이 개방되면서 그곳을 오르내리는 사람들이 자신들의 마당과 테라스인 양 느긋하게 구경하는 데 아무 불편이 없는 곳으로 변했다면.

만약 그대가 옛 소련의 저격수 바실리 자이체프라면 그곳에 은신해서 모신나강을 겨누고 싶다는 생각을 할 만한, 만약 그대가 지휘관이라면 병사들의 사격 훈련을 위한 표적지를 붙이고 싶은, 만약 그대가 조자룡이라면 이곳이야말로 현대판 장판교라고 말하고 싶을 만큼 드센 터에서 살고 있거나, 주말과 휴일이면 할리데이비슨 핸들에 '앞으로 나란히' 하듯 수평으로 손을 얹고(쥐지 않고), 가죽바지(여름철에도)와 선글라스(비가 와도)와 헬멧을 쓴 무리들이 굉음을 내며 집 앞 언덕을 오르내리고, 그러다 한낮이 되면 "에또네, 테레비에 나왔던 산모퉁이 카페가 어디에 있으므니까?"라고 묻는 관광객들이 하필이면 문

앞에서 얼쩡거리고, 그러다 저녁나절이면 완전 군장에 위장 크림까지 바른 군인들이 긴 대열로 이동하며 은근히 안마당을 흘끗거리기 쉬운 그런 곳에서 살고 있다면 그럴 때는 집수리를 해야 한다.

_『아키데일리』 기고문 중(2013년 5월)

유진이네 집수리 이후 부암동의 문화지형은 빠르게 변했다. 이사를 올 때만 해도 드라마에 나온 '산모퉁이 카페'를 찾는 소수의 관광객들 정도였는데 방문객이 점점 증가하여 주말이면 집 앞의 도로는 외지 차들로 가득했다. 특히 유진이네와 초소병 사이의 북악스카이웨이는 유명한 자전거 주행 코스로 소문나서 해마다 이용객이 늘었다. 그러는 동안 고등학생이던 큰딸 유진은 대학을 졸업하고 직장이 있는 파리로 떠났고 중학생이던 둘째 딸 예진은 대학생이 됨에 따라 보초병들의 보살핌은 오히려 부담스러워졌다.

예진이네 집

유진이네는 이사를 결심했다. 이번에는 그저 볕이 잘 들고 한적한 집이면 족했다. 그런데도 적당한 규모를 찾는 건 여전히 어려웠다. 경제적으로 부담이 적은 집은 찾는 사람이 많아 매물이 별로 없고, 너무 외진 경우가 많았다. 또하나 고려할 문제는 주변의 집들이 신축할 경우를 염두에 두고 대강이나마 건축법에 대한 분석을 미리 해야 한다는 것이다. 어느 날 신축 건물이 합법임을 말하며 집 앞을 가로막는 낭패를 겪지 않기 위해서다. 그런 여러 경우를 모두 고려하자니 마땅한 곳을 찾기 어려웠다. 그래도 모든 집에는 임자가 있다던가. 많은 이들이 기피했던 이유와 유진이네가 선택했던 이유가 같은 곳이 드디어 나타났다. 일대에서 가장 바람이 드세고, 가장 오래된 집이고, 가장 높은 축대 위에 있어서 흥미롭지만 다들 엄두를 못 내던 곳이었다. 한마디로 센 땅 위에 지어진 집이었다. 그렇게 더이상 유진이네가 아닌, 유진이 동생 예진이네 집이 결정됐다.

"어쩔 수 없네요. 이번 예진이네 집도 수리를 해주세요." 5년 전 유진이네 집을 수리한 후 그들이 살게 될 두번째 집의 수리를 다시 맡은 것이다. 내가 못마땅한 것이 한둘이 아니라고 공공연히 불평했고 '어쩔 수 없이'라는 말을 감추지 않으면서도 나에게 맡길 수밖에 없던 이유는, 유진이네 집이 수리된 이후에도 하자보수를 이유로, 다른 건축가들이 궁금해한다는 이유로, 사진 촬영을 이유로 수시로 드나들면서 이 집 사람들을 누구보다 내가 가장 잘 알 수밖에 없었기 때문이다. 더군다나 기성복을 사 입듯 이미 지어진 아파트에 살 수 있는 사람들이라면 모르지만, 그것을 피해 주택을 선택한 사람들이고, 이미 '맞춤집'인 유진이네 집에서 살아본 경험 때문에라도 나 말고는 다른 대안을 선택하기 어려웠다.

"건축가 아저씨는 열 가지 중 아홉 가지는 맘에 안 들어. 그런데 가끔 한 가지는 참 잘해."

근처 집

현장 사무소 문이 급하게 열리는 소리가 들렸다. 봄바람이 워낙 세차게 부는 동네라서 가끔은 저절로 열리기도 했고, 점심을 배달하는 은혜식당 아저씨일 수도 있지만 지금은 겨우 아침을 조금 넘은 후였다. 몸을 일으키기도 전에 세찬 바람을 동반한 한 사내가 들어섰다. 노크는 없었다.

"난 동네 사람이오. 언제 끝납니까, 집수리가?"

"우선 차 한잔……"

"요구가 있소. 이 동네 집들은 경계선이 어긋나 있다는 걸 알 거요. 이번 참에 그걸 찾을 거요. 그 경계에 철근을 넣은 공구리 옹벽을 친 후 축대를 쌓을 거니 그리 아오. 그리고."

"그리고……?"

"내 경계 안에 있는 저 나무들을…… 모두 베시오. 그리고."

"그리고?"

"난 성질이 급하오. 내가 축대를 언제 쌓는 것이 좋을지 알려주시오. 다시 말하오. 난 성질이 급하오."

#1

드디어 걱정하던 일이 터졌다. 토지불합치 지역. 그러니까 이곳은 사람들이 현재 살고 있는 터와 행정적 경계가 일치하지 않는 동네였다. 지적공부地籍公簿상 의미의 내 소유의 땅에 이웃이 살거나 내가 도로 위에 살거나, 도로가 내 땅 안으로 먹어 들어왔거나 하는 식의 동네인 것이다. 측량의 오차와 지적정리 하는 과정에서 행정 착오로 생긴 이 문제는 한때 이 동네를 광풍으로 몰아넣기도 했다고 한다. 예전부터 살던 이웃들은 그게 문제라는 것을 몰랐고, 안다 해도 그러려니 하고 살았다. 이웃 간에 얼굴 붉히기도 싫었고, 어렵사리 자기 몫의 땅을 찾았다 해도 다른 이웃이 자신에게 요구를 하면 마찬가지 방식으로 내 땅을 내줘야 했기 때문이다. 그러다 문제가 된 건 새로 이사 온 사람들, 특히 젊은 축들은 자신의 소유를 주장하는 데 망설임이 없었다. 결국 오랫동안 지켜진 동네 인심과 권리를 찾으려는 욕망이 거세게 맞붙었지만, 그래 봤자 동네 전체의 손해라는 사실을 모두가 납득한 후에야 휴전이 되었다고 한다. 새벽에 담을 넘어 철조망을 치거나 말뚝을 박고 사라지는 휴전

협정 위반도 있었지만.

#2

“알다시피 전 집수리업자에 불과합니다. 하수인이죠. 나무를 베는 문제는 집주인과 상의하겠습니다.”

“언제까지!”

“그것조차 물어봐야 하는 제 처지를 가련히 생각해주십시오.”

“언제까지!”

“사실 금방이라도 벨 수 있으나 그걸 하느라 공사를 늦출 것이냐, 아님 얼른 집수리를 마치고 벨 것이냐를 고민중입니다. 왜냐하면 나무를 베면 공사장 먼지가 댁 쪽으로 가니까요……”

나무는 그렇게 살아났다.

인근 집

동네 사람

불합치 지역은 소유의 이중성과 이로 인한 갈등이 잠복된 곳이다. 분명 내 땅인데 다른 사람이 살고 있고, 그렇게 살고 있어도 살지 말라는 말을 하려면 또다른 옆집 사람의 똑같은 요구를 각오해야 한다. 예진이네 땅 한 모서리엔 오래된 헛간(물치) 한 채가 있는데 전 주인은 이것을 창고로, 또 어느 땐 문간방으로 세를 놓기도 했다는데, 예진이네는 이 공간이 필요하지 않았다.

어느 날, 또다른 근처 이웃이 현장에 왔다.

"신축을 하시지, 그 낡은 집을 왜 수리를 하시려고…… 아 참 그거 아시는지요? 그 창고가 있는 곳이 우리 땅이라는 거."

"쓰시죠 그럼. 근데 창고 건물이 하도 낡아서 쓸 정도로 고치려면 비용이 많이 들 겁니다."

불합치 지역에 있던 헛간. 집을 수리하는 동안 현장 사무실로 썼다.

"아 그래요? 한 번도 들어가본 적이 없어서……"

"들어와볼 것도 없습니다. 곤죽이 된 상태라서요. 그대로 두면 선생님 집에 습기가 찰 겁니다."

"그렇잖아도 겨울 되면 벽에 물이 새요. 암만 고쳐도 안 되고."

"정 그러시면 저희가 아예 철거를 하면 어떨까요. 그 대신."

"그 대신……?"

"창고를 부수면, 맞닿아 있던 선생님 댁의 방이 추워질 수 있으니 단열 공사를 해드리겠습니다. 그 대신."

"그 대신……?"

"창고를 다 부수면 공터가 생기는데 사람이 접근하면 (선생님 댁이) 시끄러울 수 있습니다. (차라리) 거기다 흙을 덮어 텃밭을 만들면 사람이 접근하기 어려울 테니 선생님 댁도 시끄럽지 않고요."

"그거 참 좋네."

이웃집

옛 동네의 고질적 문제는 주차의 어려움이다. 집집마다 차량을 소유하던 시대에 지은 집들이 아니기 때문이다. 대부분은 집 앞에 주차를 하는데 집이 코너에 있을 땐 '자기 집 앞이 자기 주차장'이라는 등식은 허물어진다. 예진이네는 집 앞 도로가 좁은 삼거리로 이어져서 집 앞에 차량 두 대를 연속으로 주차하면 커브를 도는 차량에 지장을 준다. 그래서 나머지 한 대는 길의 건너편에 주차해야 하는데 그곳은 맞은편 집의 차고 앞이기 때문에 그곳 차량이 들고 날 때 지장을 준다. 이전 주인 할아버지는 이런 상황에서도 꿋꿋하게 두 자리를 확보하고 살아왔었다. 오로지 카리스마 하나로. 그는 공공도로나 교통통제구역에서나 볼 수 있는 주차금지 표지판을 구해다놓고 자신이 정한 주차 방식 이외엔 허용하지 않았다. 이런 식으로 오랜 시간을 거치면서 조정되며 합의된 주차 위치들이 있었다. 그 룰을 유지하려면 예진이네는 차량 우측을 언덕의 끝까지 댄 후 그 꽁무니를 스테인리스 난간이 시작되는 두번째 칸에 겨우 닿을 찰나에 차를 멈추어야 한다. 그렇지 않으면 골목을 지나는 차가 움직일 수 없고, 다른 차 한 대의 주차도 애매했다. 그러던 어느 날이었다.

"여기가 새로 이사 온 집 맞죠? 앞집 사람입니다. 저희가 먼젓번 이 집 주인과 비슷한 시기에 집을 지은 사람인데요, 인자 다 떠나고 아는 사람도 없어요. 다 새로 이사 온 사람들이고. 근데 좀 죄송하네요. 우리가 차고에서 나오다가 이 댁 차를 상하게 만들어서요."

"어떤 차인데요?"

"저기 범퍼가 너덜너덜한."

"헉……"

"다 우리 책임이어요. 헌데 차를 고렇게 대놓으면 안 들이받을 도리가 없어요. 암튼 다 물어줄게요. 우린 보험으로 안 해요. 보험료 오르니까요. 현금으로 처리할 테니 다 고치면 영수증 갖다줘요. 이게 누구 잘못이 아니잖아요. 드런 동네에 사는 우리가 잘못이지."

아몬드

수리하는 사람

인력시장을 통해 공급되는 인부들 가운데 낯익은 얼굴들이 있는 걸 보면, 그만큼 집수리를 오래한 거다. 요즘 인력시장은 조적공이 없어 난리인데, 어쩌면 이런 현상을 만드는 데 일조한 것이 줄곧 집수리에 벽돌을 써온 나이기도 하다. 늘 내 곁에서 일할 것처럼 보였던 정 반장도 맡은 일이 많아 당분간 얼굴 보기가 어렵다.

"박사님(나는 박사가 아니다), 한 번만 살려주세요. 마음이야 당장 달려가고 싶어도 그게 어디 그런가요. 품값이 좀 세다고 해서 쪼만한 일을 하나 맡았어요. 육 인치 브로꾸(벽돌 블록)를 쌓는데 나이가 있는지라 힘들어서 못하겠네요. 요거 금방 하고 며칠 내로 가겠습니다."

그가 바쁘다는 것은 그의 친구들도 마찬가지일 터. 하는 수 없이 서대문에 있는 인력시장에 조적공 한 명을 부탁했는데 거기서도 여의치 않자 미아리 쪽 인력까지 기별이 닿은 것이다.

"아유, 안녕하세요 사장님. 또 뵙네요. 헤~"

세상에, 이 영감을 여기서 다시 만나다니. 오래전 성북동에서 집을 수리할 때 정 반장을 따라다녔던 아몬드였다. 그는 나이도 팔순에 가까웠지만 술을 많이 마셔서 어느 현장에서든 쫓겨나기 일쑤였는데 기술자가 귀하다보니 그에게도 기별이 간 것이다.

"술 냄새가 나는 걸 보니 벌써 또 한잔하셨군요."

"술요? 저 아닙니다 사장님. 전 원래부터 술을 못해요. 그것 때문에 대인관계에 얼마나 지장이 있는지 몰라요……"

"그럼 왜 가방을 창고에 두고 때마다 그곳을 드나드세요?"

"아하, 그거는요, 나이들면 견과류가 몸에 좋다고 메눌 아이가 아몬드를 싸줘서 그걸 먹으려고 들르는 겁니다. 먹어야 일을 하잖아요? 제가 얼굴 붉은 것 때문에 평생 오해를 받습니다."

물론 거짓말이다. 가방 속에 진짜 아몬드도 있는지 모르지만 더 많은 양의 소주가 보온병에 있음을 아는 사람은 다 안다. 문제는 술이 아니라 마신 후 벽돌의 상태다. 정 반장을 통해 다시는 우리 현장에 데리고 나오지 말라 했고 한동안 안 보이는 듯싶더니 오늘 다시 만난 것이다.

"사장님이야 저를 싫어하지만 요새 벽돌을 많이 쌓는 통에 저도 오라는 데가 많아졌거든요. 이거라도 해야 손주 용돈이라도 벌죠.

인제 벌써 중학교 2학년인데요."

"아 그 유명한 중2."

"말도 마세요. 얼마나 말을 안 듣는지 신발도 제가 시장에서 사다준 신발은 절대 안 신어요. 옷도 그렇고."

"그걸 왜 영감님이."

"그걸 부모가 못하니까 그렇죠. 창피한 이야기지만 우리 아들이 유명한 깡패였어요, 맨날 술 먹고 싸우고 집에 안 들어오고. 그러다보니 메누리가 바로 바람이 나더라고요. 할 수 없이 이혼을 했는데 아 글쎄 재혼한 지 여섯 달 만에 딸을 낳더니 곰방 또 아들 낳고 잘살더라고요. 우리 아들도 그 꼴을 보더니 맘이 떠서 전라도 어딘가로 가버리더라고요. 집 짓는 데 따라 댕긴다며. 그러니 어쨰요. 손자는 제가 맡고 손녀는 즈이 고모가 맡아 키우고."

"가끔 엄마가 찾아와요?"

"그 독한 년이요?"

"아빤?"

"어린이날인가 고때 되면 전화하는 것 같더라고요. 공부 열심히 하라고, 아빠처럼 살면 안 된다고, 착하게 살라고."

"아몬드. 이건 막걸리인데 한잔씩 잡수시면서 일하세요. 소주는 몸에 해로워요."

"아이고, 사장님. 아직도 오해가 안 풀렸나보네. 제가 소싯적부터 술을 못한다니까요. 그것 땜에 대인관계에 얼마나 지장이 많은지 몰라요. 게다가 선천적으로 얼굴까지 붉어가지고 오해는 또 얼마나 받는지, 술을 먹으나 안 먹으나 똑같거든요."

해거름녘 일찌감치 그를 돌려보내며 막걸리 한 통을 가방에 넣어줬다.

"오늘 이 품삯으로 손자에게 나이키 신발 하나 사다줘요. 나이카 이런 거 말고."

"내일은 현장에 나오지 말라는 얘기시죠?"

"……"

딱부리

“오늘은 일을 나오지 말라고 현장에서 연락이 왔다고 말하던데요?”

아무 연락 없이 딱부리가 출근을 하지 않아 부인에게 연락을 해본 것이다. 물론 현장에서 그런 전화를 할 사람은 없다. 가뜩이나 벽돌 공사가 늦어진 데다가 장마로 작업할 시간이 줄어들어서 애가 타는 마당에 그런 전화를 누가 하겠는가. 게다가 오랜만에 날이 개어 벽돌을 많이 준비했고 뒷일을 맡을 조공까지 수배해놓은 상황이었다. 딱부리가 거짓말까지 하며 현장을 나오지 않는 이유는 무엇일까. 다른 인부라면 이런 식의 잠수 타기에 대하여 ‘왜’라는 의문조차 안 들겠지만, 함께 일한 지 8년째인 그였다. 내가 살구를 따주면, 그는 미나리를 뜯어다주고, 불평하는 직원을 달래 그가 좋아하는 경마장까지 태워다주고 거기서 다시 데려오고, 장사하다 말아먹은 이야기, 잘나가던 시절 연애했던 이야기 등 자신의 인생사를 고스란히 알려줬던 그였는데 도대체 무엇이 긴 인연을 지우겠다는 결심을 하게 했을까. 서운한 마음이 떠나질 않았다. 마지막으로 본 날 딱부리는 경사지붕과 시멘트 벽돌이 만나는 부분을 쌓으면서 심한 스트레스를 받았었다. 경사진 지붕과 네모난 벽돌이 만나는 경계에는 다양한 크기의 삼각형이 만들어지는데 그 부분을 처리하려면 채워질 마지막 부분을 비워놓고 실측을 한 후 그 모양을 벽돌 면에 표시하고 조공을 통해 그라인더로 자르게 하여 채워넣음으로써 완성할 수밖에 없는데, 그게 참 성가시고 어려운 일이다. 절단기를 사용하면 벽돌의 삼각형 부분이 예각으로 날렵하게 잘려지기보다는 순도 높은 메밀 면발처럼 두루뭉실 뭉개지는 경우가 많았고, 절단시에 벽돌을 고정할 방법이 마땅치 않아 표시된 대로 일정한 각도를 유지하며 자르는 것도 위험한 데다가, 일정한 각도로 잘려졌는지를 판정하는 것도 쉽지 않았다. 왜냐하면 그 기준이 되는 금속지붕의 라인조차도 반듯하지가 않기 때문이다. 그것을 최종적으로 평가하는 것은 그가 아니라 나였다.

"다시 쌓아요."

이 한마디에 다시 실측, 다시 재단, 다시 절단이라는 명령이 전달되어 만들어진 벽돌 조각이 칠순의 딱부리 손에 쥐어질 때까지 그는 7월의 햇볕을 고스란히 몸으로 받아내야 했다.

"박사님, 똥 좀 누고 올게요."

그가 볼일을 보러 가자 정 반장이 큭큭대며 웃었다.

"저 새끼, 지 맘대로 안 되니까 괜히 똥 마렵다고 하는 거야. 난 다 알아. 벽돌을 저렇게 쌓으면 절대 못 맞추지."

딱부리가 다음날에도 손녀의 생일이라며 결근하자 그가 하던 일은 정 반장이 대신했는데 쌓는 순서부터 달랐다. 정 반장은 우선 양쪽 맨 마지막 벽돌을 대칭되게 잘라 쌓은 후 가운데 쪽으로 채워나갔는데, 마지막 장만큼은 실측하여 잘라 넣어야 하는 것은 딱부리가 하는 방법과 마찬가지지만, 절단 부분이 양쪽이 아니라 중앙 어느 부분이므로 한 장만 자르면 되었고 모양도 삼각형이 아니라 네모나서 자르기도 편했다. 무엇보다도 작업의 속도가 빨라 뙤약볕에서 공연히 고생하지 않아도 됐을 뿐만 아니라 양측을 대칭으로 맞춰서 쌓았기 때문에 건물 외곽 부분의 균형이 잡혀 보기가 좋았다.

말하자면 벽돌을 잘 쌓는다는 것은 한 장 한 장을 가지런하게 쌓는다는 것도 있지만, 전체 맥락을 유지하는 것이 더 중요하다. 이런 감각만큼은 정 반장이 한 수 위다. 그런 의미에서 딱부리가 갑자기 똥을 누고 싶어진 것은 그것을 해결하지 못하는 자신의 모습이 누군가에게 들켰을 것을 알고 한 행동일 가능성이 높다. 어쩌면 손녀 때문에 하루를 비운 날 정 반장이 그 부분을 모두 마무리한 것을 까맣게 모르고, 자신이 그 부분을 해결해야 한다는 부담 때문에 '현장에서 누군가 출근하지 말라는 연락을 해왔다'는 거짓말을 지어냈을지도 모른다. 말하자면 영원히 똥을 싸고 싶었던 것이다. 그 반대의 경우라면, 자신이 해결하지 못한 것을 정 반장이 완성했음을 알았기 때문일 수도 있다. 두 사람은 초등학교 때부터 앞뒷집에 살았던 친구이긴 했지만 기술자로서의 자부심은 별개여서 쌓는 방법을 가지고도 종종 다투는 라이벌이기도 했다.

"정 반장 그 자식은 걸핏하면 허리가 아프다며 일주일에 사흘만 일하면 집주인은 어떻게 일정을 맞춰그래. 벽돌공 중에 허리 안 아픈 사람이 어딨어그래. 적어도 여덟 시간은 채워야지. 그놈은 세시 반이면 벌써 옷 입고 갈 준비하잖아요? 사람이 양심이 있어야지."

그런 두 사람이 한 장소에서 작업을 했으니 많은 사람들에게 실력의 격차를 공개한 꼴이 됐다. 자존심이 상한 것이다. 생각해보니 이전에도 비슷한 일이 있었나. 유신이네 집을 수리할 때 벽돌과 벽돌 사이를 접착하는 모르타르 없이 중력에 의한 마찰력만으로 쌓자고 하니, 평생 벽돌공으로 살아온 그도 얼른 해결책을 찾아내질 못했다. 고심 끝에 그가 찾은 방법은 기존 벽체와 새로 쌓을 벽체 사이를 약간 벌려 쌓은 후 그사이에 시멘트 모르타르를 부어 벽돌의 뒷면이 모르타르에 부착되게 하는 것이었다. 말하자면 마찰력이 아니라 벽에 접착하는 방법이었다. 대여섯 켜의 벽돌을 쌓은 후 되직하게 갠 모르타르를 벽돌의 뒷공간에 부어넣었는데 생각보다 벽의 흔들림도 적고 모르타르의 농도가 묽지 않아 의도대로 돼가는

듯 보였다. 몇 번인가 나를 응시하며 자부심 강한 표정을 짓기도 했다. 그러나 어느 시점이 지나자 벽돌의 아랫배가 꾸역꾸역 밀려나오기 시작했다. 아직은 액체 상태인 시멘트 모르타르의 압력을 벽돌이 감당하지 못한 것이다. 겸연쩍은 딱부리는 슬그머니 작업도구를 챙겼다.

"머리가 빠개질 것 같아서요……"

그때만 해도 '머리 빠개짐'이 '똥이 마려워서'와 같은 의미인 줄도 모르고 신경을 너무 써서 생긴 두통, 신경을 더이상 쓸 수 없는 두뇌 구조의 저항에 의한 두통, 야심차게 아이디어를 냈는데 그것이 실패임을 목격하고도 새로운 아이디어를 만들어내지 못한 장인의 도덕적 책무감에 의한 두통, 시멘트 벽돌의 알칼리성에 장기간 노출되었을 때의 육체적 두통, 도움을 요청해도 바깥 벽돌에만 매달려서 늘는 시늉노 하시 않는 신구로부터의 냉대로 인한 심리적 두통, 온종일을 옆에 붙어 고개를 갸우뚱거리는 나에 대한 거부감으로 인한 두통 등에서 그 이유를 찾아보려고 했었다. 그런데 며칠 후 다른 현장에서 일하고 있다는 소식이 들렸다. 또다른 훗날 내가 비상식적인 것만 요구해서 도무지 일을 못해먹겠다는 이야기를 전해 들었다. 말하자면 그들은 내가 짐작하지 못하는 곳에서 짐작할 수 없는 이유를 만들어 자유롭게 움직이고 있었던 것이다. 이번처럼.

결국 난 앓아 눕고 말았다. 몸이 추워지더니 30도를 웃도는 태양이 따뜻하게 느껴지고 현기증과 함께 매케한 울렁임이 내 몸을 지배했다. 난생처음으로 수액을 맞으면서도 딱부리의 얼굴이 떠나질 않았다.

"박사님, 노가다가 어려운 것은요 다 사람 때문입니다. 제가 예전에 집 장사했다고 했잖아요. 말도 마세요. 특히 목수들. 참 애멕이고 일당 꼬박꼬박 줘도 수틀리면 아무 말 없이 사라져요. 어디 혼자서만 가나요? 지가 아는 놈 죄다 데리고 가죠. 그럼 집주인은 난리치고 환장하는 거죠. 일정은 빠듯한데. 제가 집 장사를 관둔 것은 사실 사람들이 속여서 그런 거나 마찬가지예요. 박사님도 벌써 집수리 팔 년차인데 졸업을 못하셨구만요, 그런 일 가지고. 다 잊으세요."

그의 친구 장씨가 장모상을 당했다며 말없이 사라진 어느 날 속상해하던 나를 위로했던 그였는데 그를 애멕였던 여느 목수들처럼 그도 나로부터 사라진 것이었다. 시간이 조금 더 지난 후 정 반장이 이런 이야기를 했다.

"참 나쁜 새끼네 그거, 그동안 누구 땜에 먹고 살았는데. 그렇게 살면 안 되지. 공사가 바쁘실 텐데 저라도 대신 쌓을까요? 사실 이 집을 짓기 시작할 때는 제가 안 나왔잖아요. 딱부리 그놈이 박사님 현장에는 다른 사람 아무도 붙이지 말라고, 자기 혼자서 다 쌓겠다고 하도 지랄해서 다른 사람도 저도 올 수가 없었던 겁니다, 사실."

시간이 조금 더 지난 후 정 반장이 이런 이야기도 했다.

“사실 딱부리가 갑자기 안 나온 게요. 제가 사는 오산 시내에서 우연히 처조카를 만났는데 아 글쎄 그놈이 인력사무소를 개업했더라고요. 처음이라고 어렵다면서 저더러 벽돌을 쌓아달라는 거예요. 제가 어디 시간이 있어야죠. 그래서 딱부리에게 혹시 가겠느냐고, 느네 집에서 가까우니 한번 가볼 테면 가보라고 그랬는데 그 이튿날부터 바로 나가더라고요. 그날이 그놈이 박사님 현장에 안 나왔던 바로 그때예요. 아참, 이런 말을 해도 되나?”

시간이 조금 더 지난 후 정 반장이 또 이런 이야기를 했다.

“딱부리 그놈이 예진이네 벽돌 일이 다 끝났냐고 묻대요. 자기도 같이 쌓고 싶다고요. 일감이 떨어진 거죠.”

법대 출신 조 목수

수리하는 사람

“부여는 지금이나 그때나 깡시골이라 먹고 살 게 없어요. 국민학교 졸업한 후, 목수 일 하는 친척집에서 살았는데 주로 창문을 짜는 사람이었어요. 거기서 수년을 문살을 짜고 끌로 구멍을 파면서 살았어요. 어느 날은 그 친척을 따라 제재소에 갔는데, 거기 사장이 혹시 자기 의자를 짤 수 있느냐고 나한테 그러더라고요. 자기 의자가 오래됐다며 그걸 만들어달라고. 며칠 걸려 의자를 만들어줬더니 그때 돈으로 얼마더라…… 돈을 주면서 저더러 그러더라고요. 성공하려면 공부해라. 어느 날 엄마에게 그 의자를 보여줬어요. 내가 처음으로 만든 거라면서. 우리 엄마는 울더라고요. 그때가 열다섯이었어요.”

서울로 올라온 그는 목수 일을 하면서 검정고시로 중고등학교를

조 목수가 만든 건우네 집 천장 캐노피. 치수에 빈틈이 없고 가공이 치밀하다.

마치고 유명 사립대의 법과를 졸업했다.

법대 출신의 목수…… 편했다.

무슨 말이든 금세 알아들을 만한 지능이 있었고 그것을 받침하는 솜씨가 있었다. '못 주머니만 차면 목수'라는 말처럼 솜씨 없는 목수가 많은 요즘 그는 참 남달랐다. 일은 좀 느렸지만 그래도 될 만한 일을 맡기면 되는 것이고, 다른 사람들과 팀을 짜기 어려웠지만 혼자 할 수 있는 일을 맡기면 되므로 그의 단점은 문제될 게 없었다.

법대 출신의 목수…… 불편했다.

"납득이 안 가는데요……"

작은 눈을 반짝이며 이런 질문을 하는 날이면 일은 포기해야 한다. 특히 바쁠 때 이런 눈을 뜨면 환장을 한다.

"조 목수님, 그러지 말고 이번엔 그냥 해줘요. 따지지 말고……"

"암만 그래도 일을 그런 식으로 한다는 것은 납득이 안 돼요."

"의리란 납득이 안 가는 일조차 그냥 해주는 거예요."

"안 돼요, 그건."

전기 이 사장

수리하는 사람

“카톡 답글 보내고 일하러 나가다가 교통사고가 나서 깁스하고 입원중인데 어쩌나요? 깁스는 육 주 후에나 푼다는데……”

입주를 불과 며칠 앞두고 이런 문자가 왔다. 60cc 오토바이에 올라타 전선은 어깨에 메고 사다리는 허리에 꿰고 공구통은 뒤에 달고, 전선관은 목에 걸고 다니는 걸 보며, 저러다 사고 나지 싶었는데…… 한꺼번에 실을 수 없는 분량의 짐을 오토바이에 싣고 달리려다 택시와 부딪혔다는 것이다.

“제 과실이 많아 보상도 제대로 못 받는다네요. 어쩌죠 이거?”

언제나 웃음 가득한 얼굴로 마음을 편하게 해주던 분이었고 어쩌다 쉬는 날에는 쪽방촌에서 무료봉사를 하거나 지방까지 내려가 어려운 사람들을 위해 일하는 사장님이었다.

"쉬면 뭐해요. 어차피 썩을 육신인데……"

어느 것보다 전기는 배선을 계획한 사람이 아니면 다른 이가 대신하기 어렵다. 설계도면이 있기는 하지만 시공 과정에서 변경된 내용이 있고 콘센트, 전원, 스위치, 접지 등 색깔 별로 구분해 깔아놓은 선들의 의미를 당사자가 아니면 알기 어렵기 때문이다. 그런데도 원망은커녕 문병을 해야 할 판이다.

"죄송합니다. 깁스를 하고 있지만 택시를 타고 갈 수는 있습니다. 전등은 못 달지만 시킬 수는 있습니다, 목발을 짚고라도 갈까요?"

애꾸

수리하는 사람

오랫동안 함께 일한 잡부로 눈 위에 (혹 같은) 불룩한 주머니가 눈두덩을 덮고 있다. 271

"반장님, 혹시 아들도 그 주머니 있어요?"

"우리 아들은 이런 거 없어요. 목소리도 나처럼 안 쉬었고, 키도 일 미터 팔십이 넘고, 다리도 (오다리가 아니라) 곧아요."

그는 이천에서 가난한 농부의 장남으로 태어났다. 농사를 짓고 싶었으나 세 마지기뿐인 전 재산은 아버지 혼자의 농삿거리로도 모자라서 입을 덜기 위해 머슴을 살다가 세경을 못 받자 열일곱 살에 서울로 올라왔다. 당시나 지금이나 특별한 기술이 없는 사람이 할 수 있는 일은 막노동판의 일당 잡부다.

"이를 악물고 일했죠. 집에도 안 갔어요. 차비가 드니까. 걸으면

신발이 닳고. 현장에서 야방(야간에 현장을 지키는 경비) 하면 돈을 좀더 줬거든요. 죽어라 돈을 모았어요. 삼양동 대일고등학교 아래에서 사글세를 살았는데 겨울이면 미끄러워 사람이든 차든 못 올라가. 그런데 어느 날은 주인아줌마가 급하게 이민을 가야 한다며 집을 비워달라는 거야. 갑자기 갈 데가 있어야지. 근데 생각해보니까 모아놓은 돈이 좀 있는 거야. 게다가 주인 여자는 마음이 급하고. 그래서 집이 얼마냐니까 이백오십만 원이래. 통장을 보니까 이백 정도가 있더라구. 고민하다가 무조건 계약금을 걸었어. 그리고 중도금 내고 잔금을 치를 때쯤 까놓고 말했지. 돈이 모자란다고. 아줌마가 난리지. 그렇지만 어쩔 거야. 이민 날짜가 잡혔는데."

"근데 장가는 어떻게 갔대요? 그거(눈주머니) 땜에……"

"결혼은 꿈도 못 꿨지. 내가 스스로 잘 알잖아. 배운 건 국민학교지, 누가 시집을 오겠어?"

"목소리도 쉬고 다리도 굽었고."

"그러니까. 어느 날 선이 들어왔는데 보니까 이뻐. 근데 여자가 날 안 쳐다보는 거야. 맘에 안 들었던 거지. 그래서 집 이야기를 먼저 했어. 방 네 칸짜리 집이 있다고. 그제야 날 바라보더니 가보자고 하더라고. 못 믿었던 거지. 복덕방까지 가서 확인하더라니까."

동작이 어찌나 느린지 일이 급할 땐 속이 터지다가도 오랜 노동일 덕분인지 못하는 건 또 없다.

"애꾸, 조적이 내일 못 온다네요."

"아니 그럼 마당 흙을 못 치우잖아요. 그거 못 치우면 타일도 못 깔고, 타일 못 깔면 가구도 못 들어오고……"

"그니까요……"

"내가 해야지 뭐."

"그거 한 다음에 마당 좀 치워놔요. 그거 다 하면 나무뿌리 덜 자른 거도 치우고, 그거 다 하면 밥 먹고, 그거 다 하면 용접하다 만 데 마무리하고요, 그거 다 하고 시간이 남으면 벽돌 좀더 올려놓고요."

"제발 좀, 하나씩 시켜요."

허 사장

수리하는 사람

"사람은 외모에서 그의 직업이 느껴져야 합니다."

마디 굵은 손은 무언가를 말아 쥔 듯 둥글게 구부러져 있고 바지는 오랫동안 쪼그리고 작업하는 사람임을 말하는 듯 몸으로부터 무르팍이 떠 있었다. 타일 장인, 그렇게 불러도 될 만한 사람. 오랜 집수리 인생에서 만난 타일공 중 솜씨가 으뜸인 그는 장갑을 끼고 일하는 사람을 멸시했다.

"어떤 잡부는 장갑을 두 개나 끼더라구요. 기가 막혀서 참."

"그게 뭐 이상한가요?"

"그건 일을 하겠다는 게 아니라 손을 보호하겠다는 거잖아요."

타일공에게 집수리 현장은 무덤과 같다. 특히 욕실, 더군다나 바닥을 포함하여 사방에 일 센티 미만의 작은 모자이크 타일을 덮는

옛날 방식의 욕조가 있는 욕실. 하필이면 건축가가 휘어진 벽체를 그대로 유지하고픈 생각을 지녔을 때, 게다가 네 모서리의 각도가 일정하지 않을 때, 심지어 몸을 운신하지 못할 만큼의 비좁은 공간이라서 혼자서 작업할 수밖에 없을 때, 그런 상황에서 타일을 붙이는 건 고통 그 자체다. 그래서일까? 난다 긴다 하는 서너 팀이 현장을 본 후 약속이나 한 듯 아무 말 없이 사라진 이유가.

"전화로 오늘부터 공사 시작하겠다고 한 것이 맞습니다. 저는 일이 무서워 도망가는 사람이 아닙니다. 절 믿고 오늘은 그냥 보내주시면 나흘 후 다시 오겠습니다."

타일 공사란 집을 지을 때 마지막 공사인 페인트칠과 가구 설치의 바로 전 공정으로 타일이 미뤄지면 입주 날짜가 밀릴 수밖에 없다. 하지만 대다수가 원하는 반듯하고 네모난 바닥을 가질 수 없는 저주받은 집수리 현장을 가진 운명을 누구에게 탓하랴. 타일은 구운 세라믹 조각들을 시멘트 모르타르를 이용하여 반듯이 붙이기만 하면 되는 듯 보이지만, 숨은 고려들이 적용되지 않고서는 결코 '반듯이'가 될 수 없다. 결과가 좋으려면 우선 바탕을 옳게 해야 하는데, 적당한 정도의 가늠이 되려면 그 자체의 충분함뿐 아니라 문턱, 창턱, 계단의 최종 높이, 배수구의 구배와 드레인의 높이 등, 관계될 주변을 모두 감안하지 않으면 안 된다. 그 안목은 교육과 지식이 아니라 오직 경험과 감각에 의해서만 만들어지기 때문에, 경지 높은 사람을 만나는 것이 참 어렵다.

오 목수

수리하는 사람

"예전에 한번 대문이 활짝 열려 있었던 게 생각나서 지나는 길에 들렀는데 현장 문이 활짝 열려 있는 거예요. 그래서 문을 닫으려고 하는데 안에서 소리가 나는 기예요. 들어가봤더니 오 목수님이 일을 하고 계시더라구요. 왜 혼자서 늦게까지 일을 하냐고 물었더니 월요일부터 출근하지 않는데 하던 일을 끝내놓지 않으면 다른 사람들이 페인트 작업을 할 수 없기 때문에 마무리 작업을 하는 거라고 말씀하시더라구요."

집주인의 말처럼 드물게 바른 사람이었다. 일당으로 일하는 대부분의 사람들은 오후 다섯시만 되면, 아니 네시 반쯤이면 집에 갈 준비를 하는데 그는 달랐다. 다른 이들이 점심을 먹고 아무데서든 한숨씩 잘 때도 나무 아래서 신문을 읽었고 아무리 시장기를 느껴도 허둥대며 먹지 않았다. 그런 성격처럼 일을 하기 전에 주변 정리부터 했고, 일을 마치고도 다시 그랬다.

"해방 전 아버님과 삼촌이 오공무소를 했습니다. 공무소란 지금의 건설회사로 그 당시 건양사, 마공무소, 이공무소와 함께 우리나라 일 대부분을 맡아 하던 큰 회사였습니다. 제가 목수가 된 건 아마 그 영향이 컸을 겁니다. 큰형님은 일류 대학교 건축과를 나와 공항 설계를 맡아 했고 저는 그 밑 영선반營繕班에서 목수 일을 배웠는데 다른 건 몰라도 우리나라에서 목공 장비는 최고 좋은 걸로 썼을 겁니다. 그러다 형님이 독립을 하면서 저도 함께 나와서 가구공장을 운영하면서 문짝, 창틀 이런 걸 만들어 납품을 했습니다."

"돈 좀 버셨나요?"

"망했죠. 가구 중에서 문틀, 문짝, 창틀, 창짝이 어려운 건데 그걸 잘하려면 나무가 우선 좋아야 합니다. 바짝 건조된 나무를 써야 하는데, 다른 공장들은 그렇게 오랜 시간을 투자할 수 없고 품도 많이 먹히니까 화공 약품을 섞더라고요. 그 냄새가 얼마나 지독하냐면 눈을 뜰 수도 없습니다. 그런 일을 할 수는 없었죠. 그러다 보니 한마디로 경쟁에서 밀린 겁니다."

안 봐도 눈에 선했다. 그 깐깐하고 자존심 강한 분이 그런 타협을 할 리가 없는 것이다. 그런데도 난 그 성정이 맘에 들었다. 깐깐하면 어떻고 괴팍하면 어떠하며 아무거나 먹지를 않아 식당을 잡기 좀 어려우면 어떤가. 일만 잘한다면.

가구란 많은 것들이 집약된 결과다.
목재의 성질은 물론,
하중을 견딜 수 있는 구조적 개념,
변형에 대한 경험과 감각이 필요하다.

"오 목수님, 이렇게 하고 싶은데요."

"걱정하지 마십시요. 다 됩니다."

야구로 말하면 그는 마무리 전문 투수다. 목공사 막바지는 자잘한 일들이 참 많은데 창문 주변의 목재공틀, 전기 콘센트나 스위치 위치의 변경, 작업 도중 흠집 난 목재 손질 등은 크게 표 나지 않는 작업이지만 음식에서 간을 보는 과정처럼 꼼꼼하고 솜씨 있게 처리하지 않으면 전체에 큰 영향을 미치기 때문에, 그 시기가 되면 선발이나 중간 계투에 해당하는 목수들은 빠지고 오 목수 같은 사람 한두 사람이 남아 여유를 가지고 마무리를 하는 것이다.

잡부 한씨

수리하는 사람

가끔 오는 잡부였다. 차분히 일을 한다 싶어 계속 오길 바랐지만 어떤 이유인지 하루 이틀 일하고 나면 오질 않았다. 들리는 말로는 사업을 하나 망했다고도 했고, 설비 기술자라고도 했고, 잡부 일을 시작한 지 얼마 안 된 신참이라고도 했다. 동료들이 농담을 주고받을 때도 조용했고, 현장에서 주는 새참 대신 가방에 준비해온 딸기우유와 인절미를 먹었다. 자기 일을 다 마치고 나서도 빗자루를 들고 주변 청소나 장비 정리를 했다. 그런 성실함을 보면서, 벽돌을 나르는 등의 막일을 하긴 아깝다는 생각이 들어 거실의 나무 천장 사이로 빠져나온 단열재를 제거하는 일을 시켜보았다. 경사지붕 아래의 지붕 골조인 트러스 사이사이를 이동하며 지붕 송판의 틈바구니로 단열재가 돌출된 부분을 찾는 것인데 낮아지는 경사지

붕과 벽이 만나는 부분은 공간이 비좁았는데도 손바닥을 넓게 펴 천장 면에 대고 트러스에 디딘 두 발을 밀고 당기며 악착같이 찾아냈다.

"이런 일은 체질에 안 맞습니다. 제 성격이 너무 꼼꼼해서요. 전에 직장을 그만두고 치킨집을 차렸는데 이틀 뒤에 후회했습니다. 저녁 늦게 일을 마치고 매일 기름통을 닦고, 닭 튀기는 기름도 이틀 이상을 안 썼습니다. 이틀을 쓰면 벌써 닭 색깔이 다르거든요. 닭 튀기는 시간보다 청소하는 시간이 더 많았습니다."

정상적으로 운영해서는 아무리 부지런을 떨어도 이득을 남길 수가 없음을 깨닫자, 그는 기름 사용의 시효를 늘리거나 닭의 무게를 줄이는 대신, 치킨집을 접고 보일러 대리점을 냈다. 그러나 사정은 비슷했다. 많은 이득을 내려면 작은 고장에도 웬만하면 부품을 통째로 교환하게 하는 뻔뻔함이 필요하다는 사실을 알게 된 후 보일러 가게도 접고 인력시장을 찾았다.

"처음 인력회사에 나갈 때는 며칠 동안 문 밖에서 서성이다 그냥 집에 갔어요."

"창피해서요?"

"아뇨. 무서워서요. 인력에 나오는 사람들은 전부 깡패거나 거친 사람들일 거란 생각이 들어서요."

"그러지 말고 나랑 집수리나 합시다."

"말씀은 고맙지만 언제 그만둬야 할지도 몰라서요. 엄마가 여든

둘이라서 갑자기 아프시면 당장 달려가야 하는데 그러면 직장에 손해를 주잖아요. 그래서 일용직을 합니다. 제 아들이 지금 중학생인데 대학만 들어가면 시골로 가서 집을 짓고 엄마를 모시려고요."

"그러니까 말이오. 집을 지으려면 삽질을 잘한다고 되는 게 아니어요. 효심으로 되는 것도 아니고. 내가 그 방법을 일러줄게요."

"네, 그래서 사장님에게 오는 겁니다. 사장님이 하자는 대로 하면, 어, 저렇게 하면 안 되는데 싶어도 이상하게 좋아지거든요. 그걸 배우려고요. 저는 그것만 배우면 내려가서 엄마랑 삽니다. 절대 우리 엄마를 요양원에 모시지 않을 겁니다. 제가 요양원에서 일하면서 봤는데 보호자가 면회 올 때만 목욕시키고 친절합니다. 우리 엄마를 그런 손에 맡길 순 없어요."

#1

그의 사수이자 그의 성실성과 재주를 눈여겨본 또 한 사람이 최 사장이었다. 잡철업자인 그는 평상시 인력에서 일당으로 일을 하다가도 잡철 일감을 맡으면 한씨를 불러 조수로 썼다. 한씨는 쇠를 절단할 때도 오차가 없었을 뿐만 아니라 시키지 않아도 거칠어진 모서리를 그라인더로 정리하여 다음 작업자가 다치지 않게 살폈다. 그렇다면 그런 조수 생활을 오래하면 철원에 내려가 엄마 집을 지을 만한 기술자가 될 수 있을까? 그건 아니다. 수학 선생님이 칠판에다 문제 푸는 것을 보면 당장이라도 할 수 있을 것 같지만

현장에서 그린 난방배관 도면.

막상 직접 풀어보면 얼마 안 가 막혔던 경험처럼 이 일도 비슷하다.

아니, 최 사장이 길을 막았다. 이건 이래서 이래야 한다는 식의 이치에 대한 설명 없이, 이거 자르라, 서서 가져오라, 들어라, 놓아라, 접어라 하며 단순하게 부리기만 했지 정작 중요한 기술을 사용할 땐 자신이 손을 댔고 그 모습을 바라보기라도 하면 불쾌감을 감추지 않았다.

“어이 한씨. 시키는 거만 하면 돼.”

그런 최 사장의 태도는 나에게도 고민거리였다. 한씨가 일할 동안 자신은 다른 일을 할 수 있는데도 한씨를 물끄러미 바라보거나 잔소리를 할 뿐이니 나로서는 두 명을 고용했지만 실제로 한 사람만 일하는 꼴이었다. 그렇다고 그걸 지적한다면 최 사장은 나의 바쁜 사정을 빌미로 용접봉을 내던지고 집에 간다고 할 게 뻔했다. 그래선지 최 사장의 솜씨는 더욱 거칠어졌고 태도는 무례해졌다. 공들여 맞춰온 대문에 손잡이를 부착할 때도 조심성 없이 용접봉을 휘두르다 철판 면에 자국을 내놓고도 침을 찍어 바를 뿐이었다.

"요런 거까지 맞추라면 곤란허지. 우리도 인간인디."

#2

"한 반장님, 이 철판을 가공해서 처마에 붙입시다."

"저 반장 아닌데요. 그리고 최 사장도 없는데요."

"진급했어요. 일당도 올리고. 최 사장은 이제 오지 않아요. 앞으로도. 철판 접을 줄 알죠? 그라인더로 자국을 낸 후 평평한 바닥 위에 올려놓고 구부려 목재로 두들겨서 서로를 끼워넣는 거요. 그리고 용접할 줄 알죠? 그거면 다 됩니다. 재단하는 것은 내가 할 테니 표시된 대로 접고 붙이면 끝입니다. 그리고 그 담부터는 재단도 직접 하세요."

예상대로 잘해냈다. 잡철 일뿐만이 아니었다. 거실 천장 꼭대기에는 햇볕이 들도록 창을 냈는데 직사광이 들어오는 것을 막기 위한 갤러리도 설치했다. 물건이야 오 목수가 만들지만 그것을 설치하기에는 너무 늙었고, 최 목수는 너무 뚱뚱했으며, 유 목수는 가볍고 젊었지만 수평을 잡을 줄 몰랐다. 결국 내가 올라가 기준을 잡는 실을 연결하고 트러스마다의 편차를 계산하여 각각의 지점을 만들자 나머지는 한 반장이 해결했다. 그는 날렵하면서도 기민했으며 이해가 빠르면서도 집요했다.

"그만해도 될 것 같은데요?"

"못 하나만 더 박고요. 불안해서."

'날렵한 몸+하루에 한 번씩 반드시 기름통을 씻어야 했던 치킨집 사장의 성실함+결벽에 가까운 꼼꼼함+큰형님이 없고 날이면 날마다 한탄강으로 놀러가자고 꼬시던 어린 시절 친구들만 없었더라면 충분히 대학을 나왔을 만한 두뇌=집수리를 하기 위해 태어난 킬리만자로의 표범과 같은 한 반장'의 기술적 약진은 날로 향상되어 나중에는 그가 없이는 마무리가 안 될 지경이었다.

바닥 타일을 훼손하지 않고 콘센트를 설치하기 위해 구멍 뚫기, 타일과 벽체가 만나는 높이 9밀리의 함몰형 걸레받이 내부에 쫄대(몰딩)를 대서 숨겨진 시멘트 가루가 누출되지 않게 하기 위해 사흘 동안 고개를 꺾고 포복 자세로 틀어막기, 치장벽돌을 떼어내고 오염된 모르타르를 제거한 후 벽돌 다시 쌓기, 외부 수도가 동파되지 않도록 내부에 T형 벨브 설치하기, 보일러 굴뚝이 관통하도록 뚫은 나무 판재의 엉성한 경계부 마무리하기, 철문 달기, 비가 새는 지붕 처마 이음새를 찾아내 코킹 처리하기, 10대5로 경사진 지붕에 올라타 천창의 누수 부분을 찾아내 방수하기, 옆집과의 사이에 있는 감나무 베기, 장독 묻기, 공사 기간 파손된 시멘트 계단의 경계를 도려내고 메탈라스를 덮은 후 모르타르로 충진衝振하고 표면에서 닦아내 금속 질감을 시각적으로 노출시키기, 바람통인 대문 바닥에 통자갈 박아넣기, 누락된 콘센트 달기, 정자 천장의 전등 박스에 얇은 플라스틱을 댄 후 늘어지지 않도록 6밀리 쫄대를 표나지 않게 박기, 오 목수가 실수한 목다보(목심) 다시 박기, 골형 함석과 벽돌 벽이 만나 빗물이 고인 부분을 따낸 후 누수되지 않게 보양하기, 최 사장이 설치한 양변기를 떼어내고 찌그러진 양변기 정심을 새로 설치하면서 부착 직전 중력으로 인해 탈락되는 것을 방지하기 위해 고무줄로 연결해 양변기 설치하기, 전등이 돌출되어 눈이 부신 야외등을 파낸 후 정으로 벽돌을 파내 더 깊게 등 집어넣기, 수평이 맞지 않는 데크 수정하기, 그라인더 질을 할 때마다 문 밖의 행인이 지나가는 것을 살피기, 앞길과 대문간을 안방 쓸듯 샅샅이 청소하기, 나무 구조물 속에서 일할 때는 딱딱한 안전화를 벗고 미리 준비해온 운동화로 갈아 신기, 지시된 작업을 다 마쳤는데 내가 부재하여 새로운 오더를 받을 수 없을 때 일의 목록을 미리 만들어놓기, 동료가 손목에 찰과상을 입었을 때 가방 속에 준비된 비상구급함(집수리 인생에서 처음 구경했다)에서 연고와 붕대를 꺼내 치료해주기, 메꿔야 할 작은 구멍을 빠짐없이 찾아내기 위해 배경 면에 거울을 대고 핸드폰 조명을 비춰 일일이 찾기.

"반장님, 이 일도 체질에 안 맞습니까?"

"아뇨. 재미있습니다. 사장님은 재촉을 안 하시니까요."

얼마 전 예진이네 집의 잔일거리를 부탁했었다.

한 반장이 작업 후에 정리한 작업도구들.

"사장님, 화요일에 예진이네 집에 간다고 바로 대답 못한 건, 다른 현장에서 다음주 아니면 다다음주에 일주일 정도 일하자고 해서 미리 대답해놓았는데 지금 연락이 왔습니다. 다음주에 일주일 작업 들어간다고요. 죄송합니다. 제가 다음주는 화, 수, 목, 금요일에 일이 잡혀 있고 그 다음주는 없습니다. 미뤄져서 죄송합니다."

인기가 좋아진 것이다.

동네 정화조업자

수리하는 사람

집수리가 막바지에 이르러 장비들이 건물 바깥으로 치워지고 최종 마감이 진행될 무렵 새로운 문제가 생겼다. 수돗물을 사용하지 않는데도 수도 계량기의 눈금이 빠르게 돌아가는 것이었다. 확인을 해보니 요 몇 달 전부터 수도요금이 급격히 많이 부과되고 있었다. 어디선가 물이 새고 있는 것이다. 만약 그곳이 내부라면 문제는 심각했다. 완성된 바닥을 모두 뜯어내고 문제를 해결한 후 다시 덮으려면 어려움도 많지만 이삿날을 맞추지 못하는 것이 더 큰 문제여서다. 어렵게 수소문하여 안산에서 최고수라는 누수탐지 기술자를 불렀다. 휴대용 열화상 카메라로 외부를 보니 카메라의 화면이 온통 붉은색이다.

"솔직히 이 화상 카메라는 누수는 못 찾습니다. 더군다나 비가

온 지 며칠 안 되면 지금처럼 모두 물로 표시됩니다."

"그럼 왜 그런 기계를 가지고 다니는 건가요?"

"뭔가 전문적으로 보이잖아요. 가령 하수도 구멍에 이 기계를 대면 붉은 표시가 나는데 업자들은 그걸 악취라고 설명하죠. 그럼 일반인들은 다 믿습니다. 그런데 그건 악취가 아니라 그냥 습기거든요."

이후에 동원된 장비는 청음탐지기다. 청진기처럼 생긴 묵직한 주머니를 바닥에 대고 수돗물이 새는 곳을 소리로 찾는 것인데 외부 공간 어느 곳에서도 누수 부위를 찾지 못했다. 바닥 내부가 밀폐 공간이어서 물이 새는 소리가 외부에서 들리지 않았기 때문이다.

"오늘 밤 또 꿈에 나오게 생겼네 이거. 한 스무 번에 한 번 정도 이런 현장이 있습니다. 물이 아주 적게 새거나 아주 많이 새는 경우인데 참 자존심 상하는 일이거든요. 삼십 년을 넘게 이 짓을 했는데도 못 잡는다는 게 말이 안 되잖아요. 우리 아들이 그럽니다. 아빠가 형사냐고. 왜 자꾸 못 잡았다고 잠꼬대하느냐고요. 오늘 밤에도 또 그 소리를 하지 않을까 싶네요."

새롭게 투입된 방법은 가스 누출탐지인데 수도관 속에 있는 물을 모두 비우고 질소 가스를 주입한 후 압력을 가하면 누수 부위에서 가스가 누출되는 것을 탐지하는 것이었다.

"잡았다!"

계기판이 맹렬하게 흔들려 가스밸브를 잠그자 기계가 조용해졌다.

"요기에 삼십 센티 안짝입니다. 나중에 한번 땅을 파보시죠. 사장님 운이 참 좋은 겁니다."

정작 문제는 그들이 철수한 이후에 생겼다. 가스가 누출된 부위의 땅을 팠는데도 누수는커녕 주변의 흙들이 뽀송뽀송했기 때문이다. 가스가 누출된 지점과 누수 지점이 일치하지 않는 것으로, 누수된 지점에서 새어나온 가스가 밀폐 공간을 거쳐 방출된 것이다. 이제 남은 일은 계량기에서 약 20미터 떨어진 곳까지 땅을 일일이 헤집어가면서 누수 지점을 찾아야 하는 것이었다. 망설이고 있는 나를 구해준 사람은 낡은 정화조 뚜껑을 교체하느라 부른 동네 정화조업자였다.

"이전 주인이 깐깐하게 생긴 할아버지였는데…… 할머니는 아프셔서 맨날 정자에 앉아 먼 산을 바라보시고……"

"어떻게 그걸……"

"방이 모두 다섯 개였죠. 거실이 저짝이고."

"어떻게 그걸……"

"이 집 지은 지가 한 육십 년 됐어요. 부암동에서도 오래된 축이죠. 주인 양반이 은행장이었어요. 그래서인지 돈을 줘도 빳빳한 수표로만 줬지. 방에는 구들이 쫙 깔려 있었어요. 내가 그 위에다 보일러를 놨어요. 그거 다해서 칠백만 원 들었어요."

"어떻게 그걸……"

"내가 이 동네서만 꼬박 사십 년 일을 했는데요 뭘. 다 알지. 요기에 창고가 한 채 있었는데 물은 안 썼지만 보일러가 한 대 있었어. 말하자면 창고가 보일러실이었지. 요기쯤이었을 거야. 보일러가 돌아가려면 수돗물이 있어야 하거든. 땅을 암만 파봤자 소용이 없어요. 공사를 한 후 콘크리로 덮어놨거든. 땅을 조금 더 파면 파이프 한 가닥이 그 밑 쪽으로 깔려 있을 거요. 바로 그놈이오."

그는 업자가 아니라 동네의 역사였다.

수리수리
집수리

시선의 수리 · 빛의 수리 · 시간의 수리
터의 수리 · 하자의 수리

집수리 전

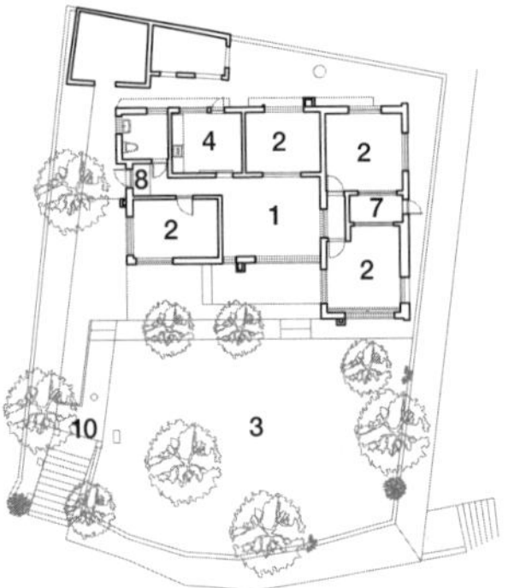

철거

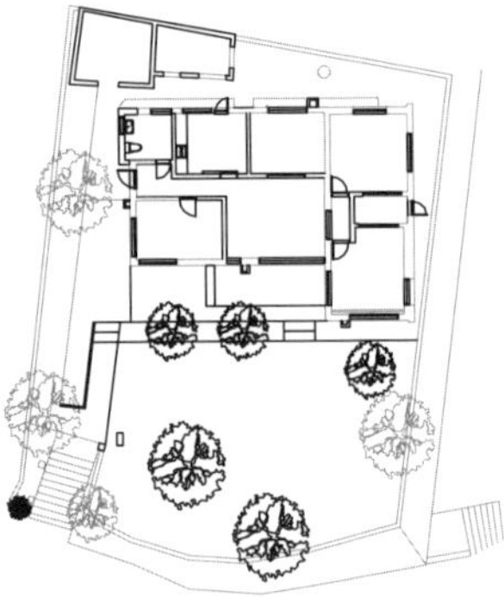

1 거실 **2** 방 **3** 마당 **4** 부엌 **5** 식당 **6** 다용도실 **7** 창고 **8** 현관 **9** 덱 **10** 대문

수리

집수리 후

시선의 수리

유진이네 집 남쪽 방은 도로와 같은 축에 있어 차량의 불빛이 방안 깊숙이 들어왔었다.

빛의 수리

내소사 대웅전 뒤편 복도에는 탱화 한 점이 벽에 걸려 있다. 그 맞은편에 창문을 두었는데 북향인데도 제법 밝다. 그 이유는 지붕을 넘어온 햇볕이 숲에 흡수되지 않도록 둔덕을 경사지게 함으로써 반사된 빛을 내부로 끌어들여 탱화를 비추게 한 것인데 유진이네 집 북쪽 방에도 같은 수법을 썼다. 지붕을 넘어와 축대를 비추며 반사된 빛을 유도한 것이다.

이 집 천장은 보기 싫은 것을 감추는 것이 아니라 천창으로 공급된 햇볕을 저장했다가
필요한 곳으로 공급하는 역할을 한다.

유진이네 철제가구. 학자인 주인이 오래 앉아 있을 수 있도록 의자의 바닥을 넓게 만들었다.

빛은 공간을 더 밝게도 하지만 더 깊은 어둠을 만든다. 특히 남북 방향으로 두터운 이 집은 더 그렇다. 만약 밝음과 어둠의 편차를 줄이기 위해서 창문의 크기를 확대시킨다면 밝고 어두움의 격차도 오히려 커지므로, 지붕에 창을 내어 골고루 빛이 닿게 하였다.

시간의 수리

"집을 내놓은 적이 한 번도 없었어요. 평생을 살려고……"

설씨 노인이 이곳에 집을 지은 건 그의 나이 서른다섯 살 때였으니 이 집은 56년의 흔적이기도 했다.

축대

축대는 그 위세만큼이나 우릴 괴롭혔다.

"아니, 왜 저 축대에 집착하세요? 이해가 안 가네. 돌로 쌓은 축대가 육십 년을 버텼으면 수명이 다 된 겁니다. 싹 밀어버리고 지형이 낮은 지점에 주차장을 넣으면, 차에서 내려 바로 1층으로 올라갈 수도 있고 비도 안 맞고 좀 좋아요? 그 위에 4층짜리 빌라 지어서 분양하고 그중 전망 좋은 꼭대기에 살면 되는데 왜 사서 고생을

하세요?"

건축을 안다는 사람일수록 이 해법을 진리인 듯 확신했고, 확신의 크기만큼 우리를 한심하게 여겼다. 다가구주택이냐 다세대주택이냐의 시비도, 이웃 주민들과의 주차 수요로 인한 마찰도, 법적인 주차장 설치 의무도, 집수리 공사를 하며 오직 사람의 등짐에만 의존하여 자재를 옮겨야 하는 문제도, 돌처럼 단단한 마사토를 삽과 괭이로 조각하듯 파내는 어려움도, 축대가 곧 붕괴라도 되는 양 불안해하는 이웃의 원성도, 그 모든 것이 축대만 없애면 해결되는데, 그것을 오직 우리만 모르고 있다는 듯 취급했다. 예진이네의 마음은 달랐다.

"육십 년 된 축대는 다시 만들어낼 수 없어요."

집수리에서 기존의 것을 유지한다는 것은 문화재나 유적을 보존하는 것과는 달리 '새로운 쓸모'를 찾는 실용적 행위이며 오래된 것과 새로운 것이 어떻게 공존할 것인가에 대한 문법적 해결이기도 하다. 단순히 미학적 필요에 따라 낡은 것과 새것의 물성을 대비시키려는 건축적 수법과 다르다.

대문 손잡이

마당에서 베어낸 엄나무 가지를 잘라 대문 손잡이를 만들었다. 물론 현장에서 자른 것이고, 현장에서 나무의 둥근 부분을 고른 것이며, 현장에서 용접하여 부착한 것이다. 그런데 이처럼 직접 만

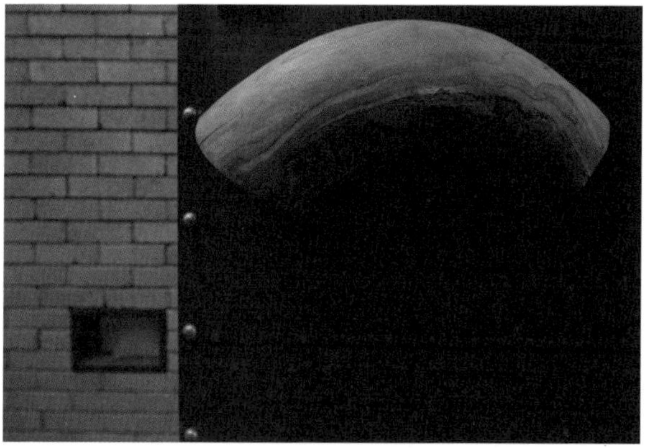

들지 않고 설계도면을 그려 남의 손을 통해 만들어야 했다면 나의 생각은 온전히 전해졌을까.

만약 마당에 베일 엄나무가 있다면 굴곡진 적당한 가지를 선택하여 목질이 단단한 부분을 파낸 후 파이10 스테인리스 볼트를 미리 앵커된(측정한) 너트에 결속하여 주변을 목공 본드로 채운 다음 현장 용접을 한다. 나무의 적당함에 대한 기준은 추후 통보할 것이다. 유의할 점은 다음과 같다.

1. 나무의 함수율은 10퍼센트 미만으로 하며 테스트 결과를 감리자에게 미리 승인받는다.
2. 목재의 둥근 정도는 곡률 1200 내외이며 그런 나뭇가지가 없을

경우에는 반드시, 무조건, 꼭 감리자와 협의하여야 하며 절대 절대 독단적으로 시공해서는 안 된다.

3. 목재의 표면은 넘버120 샌드페이퍼로 다듬은 후 제주산 식물성 동백기름을 바르는데 기름의 순도는 식용 가능할 정도여야 한다.
4. 용접은 스텐용 용접봉을 사용하며 불꽃이 표면을 오염하지 않도록 조심, 조심 또 조심한다. 그럼에도 혹시 오염되면 배상 혹은 자수한다.
5. 사용될 목재의 인장 강도는 평방미터당 100킬로그램 이상이며 압축 강도는 건조된 라왕 이상인 정도여야 한다.
6. 손바닥이 닿을 부분은 표피를 제거하고 나머지는 자연 상태를 유지하는데 그 경계 부분은 매끄럽게 샌딩한 후 삼베 천에 적신 동백기름을 벼루에 먹을 갈듯 정성껏 바른다. 매끄러움에 대한 기준은 차후에 언급하겠다.
7. 첨부된 설계도면의 의미는 꼭 그렇게 만들라는 것이라기보단 일종의 예시로서, 현장에서 선택될 목재의 형상, 굵기, 곡률, 목질의 밀도 등에 대한 변수를 고려해야 한다. 다소 애매한 표현이 포함될 수밖에 없는 고충을 제발 이해해달라.

이런 시방서示方書를 쓰는 시간이면 손잡이를 만들고도 남지 싶다. 그런 생각을 하는 내가 예전의 설계쟁이로 다시 돌아갈 수 있을까?

계단

공사 기간이 길어지고 포크레인 등이 움직면서 길과 대문 사이에 있던 외부 계단의 모서리가 파손됐다. 이것을 해결하는 방법은 다양할 것이다. ① 파손된 부분을 그대로 두고 그 위에 철판을 덮는다. 다만 계단의 폭과 높이가 일정치 않고 인접한 축대와 만나는 각도가 매 부분마다 다르므로 일정 간격을 이격한다. 이것은 겨울철 눈이 얼어붙었을 때의 미끄럼이 문제다. ② 계단 옆판에 철판을 대고 윗부분에 시멘트 모르타르를 부어 넣는다. 이 방법의 문제는 모르타르를 부어 넣었을 때 아래 방향으로 쏟아지는 부분을 시각적으로 어떻게 깔끔하게 막을 것인가와 윗판에 덮인 모르타르가

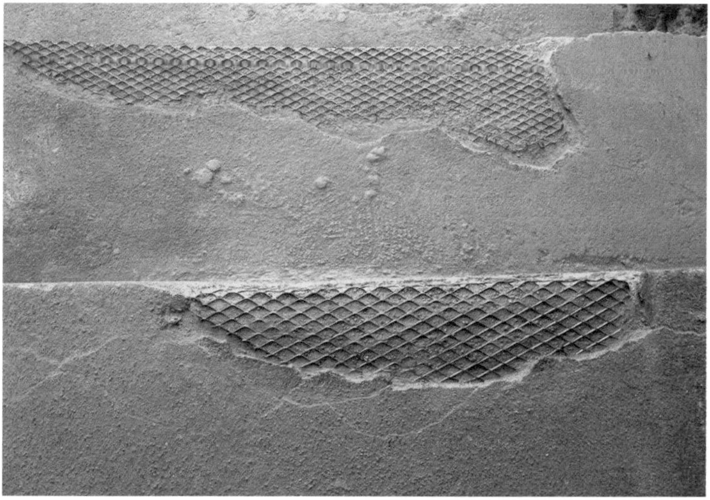

기존의 그것과 일치되지 않고 시간이 가면서 탈락했을 때 2차 보수가 어렵다는 것이다. 다른 방법이 없었다.

"한 반장님. 원래는 온통 철망으로 만들어진 계단이었던 것을 그 위를 세멘으로 살짝 덮었는데 포크레인이란 놈이 긁으면서 벗겨진 것처럼요……"

"폭탄 맞아 벗겨진 터미네이터의 피부처럼?"

터의 수리

높은 집, 깊은 마당

집과 마당의 차이는 경사진 땅을 두 개의 평지로 만들면서 생겼을 것이다. 터의 낮은 곳엔 마당을, 높은 곳엔 집을 앉혔는데 그 둘이 겹치는 곳에 1.5미터의 단차가 만들어졌던 것이다. 이 차이는 점점 높아졌다. 구들 위에 단열과 온수난방을 추가해서다. 이것의 결과는 천장 높이를 낮춰 실내공간을 답답하게 했고 집과 마당의 수평적 이동을 더 어렵게 했다. 두 가지 문제를 해결하기 위해 중간의 레벨까지 현관을 이동하고 그곳에서 이어지는 내부공간의 바닥을 점진적으로 낮춰 결국은 거실과 마당이 같은 높이를 이루게 했다. 마당은 가까워지고 천장은 높아진 것이다.

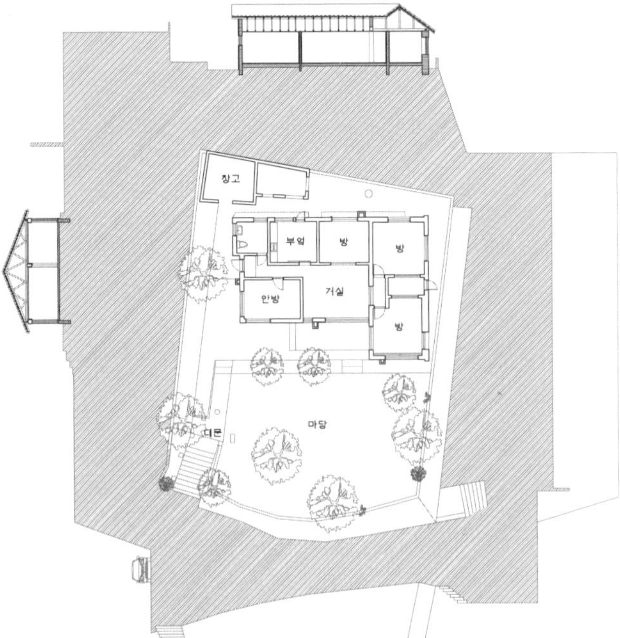
창고
부엌
방
방
안방
거실
방
마당
뒤문

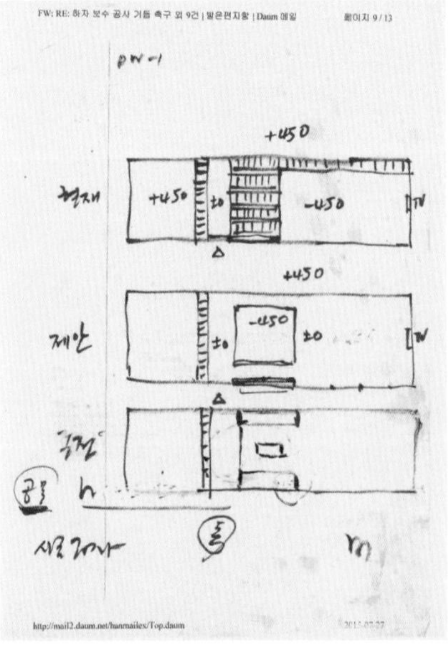
FW: RE: 하자 보수 공사 거듭 촉구 외 9건 | 받은편지함 | Daum 메일
페이지 9 / 13
+450
현재
+450
±0
-450
TV
+450
제안
-450
±0
±0
TV
http://mail2.daum.net/hanmailex/Top.daum
2015-07-27

터의 수리는 텅 빈 마당으로 완결된다.

하자의 수리

“안녕히 계세요. 이제 찾지도, 떠올리지도, 부르지도 마십시오. 굿바이.”

‘넌더리가 난다’는 말이 자연스레 떠오를 무렵에야 집수리가 끝났다.

“어딜 가세요. 집이 아직 안 끝났는데.”

“다 끝났어요.”

“하자보수 하셔야죠.”

예진이네가 서른두 개 항목이 나열된 명단을 내밀었다. 꽉 짜인 양식 속 활자들은 그의 성격을 반영하는 듯 모질게 박혀 있었다.

예진 집 보수할 것들

	무엇을?	준비할 것	누가?
1	식탁 의자 한 개 상판 고정		
2	식탁 높이 올리기		
3	바닥 코킹: 식당 유리문 아래, 현관 입구, 애들 복도 수납장 아래, (목재 사이) 거실 게이트		
4	벽 사이 코킹: 주방과 식당 사이		
5	창고 벽 하단 메우기		
6	창고 벽 구멍 메우기		
7	욕실 벽 하단 메우기		
8	천장 목재 떨어진 것 절단		
9	문 손잡이: 창고, 옷방, 현관x 2, 주방, 화장대		
10	유진 방 책꽂이		
11	화장대 딸깍이		
12	욕실 문 올리기, 피아노 방과 수납장 문 갈기		
13	창고 문 하단 방풍, 딸깍이		
14	대문 고정 장치, 자석		
15	창고와 주방 사이 문지방		
16	내 거실 문 레일에 고정		
17	오디오장 덮게x 2		
18	내 거실 오디오 선반		
19	알 선반		
20	콘센트 교체: 창고, 주방 환풍기		
21	내 책상 밑 콘센트 전원 연결		
22	내 방 램프, 거실 램프 전원 연결		
23	현판		
24	세탁기 고정		
25	하수구 배관		
26	시시티브이		
27	방충망		
28	장작 보관 랙		
29	현관 중간문		
30	처마		
31	홈통		
32	벽돌 폐기물		

5부

이상집 집수리

2018

뻔하되 허무하지 않던
이상李箱과 닮은 집

파티 가는 길

"무회, 나무날 낮 밥 해요(번역: 무회 선생, 목요일에 점심 먹읍시다)." 그날 난 약속이 있었다. 게다가 운전도 못할뿐더러 전철을 타면 그 갑갑함을 견디지 못해 빈자리가 있어도 앉지 않고 전철 안에 붙은 광고 속의 글자를 낱낱이 세고, 셋 혹은 다섯 글자씩으로 묶어서 다시 세다가, 목적한 역에 도착할 때까지 첫 칸과 마지막 칸 사이를 왕복하길 거듭하는 사람인데도 명륜동에서 마을버스를 타고 혜화역에서 전철로 갈아타선 합정역에 내려 이미 길게 늘어선 버스 대기줄의 끄트머리에 서서 동교동 로터리와 한강 다리를 횡단하는 칼바람을 고스란히 맞을 즈음 당도하는 2200번 광역버스를 타고 파주의 출판단지까지 가는 이유는 그 멀고 지루한 길임에도 불구하고 돌아올 때면 무언가 가득 채워지는 푸짐한 기분 때문이다.

날개

그곳엔 날개가 있다.

천진한 붉은 비니 모자를 머리에 얹고 남사스런 주황색+촌스런 남색이 섞인 점프수트를 입은 그는 누구나 동경해 마지않는 특급열차에서 스스로 내린 사람이다. 기차표를 잃어서도 아니고, 차비가 떨어져서도 아니고, 누가 내리라고 밀쳐서도 아니고, 나처럼 기차를 잘못 갈아탄 것도 아니고, 그렇다고 신경통 때문도 아니다. 그는 특급열차에서도 우등칸으로 비유되는 유명 사립대학교의 시각디자인과 교수로 있다가 돌연 기차에서 이탈했는데 그 이유는 특급열차로는 갈 수 없는 길이 있기 때문이라고 했다.

적음으로.큼을.이루고.쉬움으로.어려움을.하나니.큼을.적음에서.꾀하고.어려움을.쉬움에서.힘쓸지로다.큼을.적음에서.꾀하며.어려움을.쉬움에서.힘쓰는.이는.일어날.것이요.큼을.적음에서.어려움을.쉬움에서.잊어버리는.이는.넘어지리로다.

주시경 「큼과.어려움」_『보중친목회보』.137 쪽. 1910.

그때 날개를 따라 황무지에 내린 사람은 심복인 '하얀'뿐이었다.

"오랜만입니다. 선생님."

"그냥 날개라고 불러요. 그게 저에 대한 가장 큰 존중입니다."

"네, 날개 선생님…… 아니 그냥 날개……"

"이번에 이상집을 좀 꾸미려고 해요. 좀 새롭게."

그 말을 듣는 순간, 괜히 왔다 싶었다. 멀쩡히 붙어 있던 한글을 집자처럼 풀거나 헤쳐서 쌀알마냥 씹듯 읽게 하고, 학점도 학위도 권위도 가오도 사례도 없는 희한한 학교를 만들더니, 셋집을 전전하다 어렵게 번듯한 건물을 짓고 얼마 되지 않아 어떻게 하면 '새롭게 부술 수 있는가'를 고민해달라 해서, 나뿐 아니라 내 주변의 동무들까지 붙들려갔다가 구사일생으로 살아온 것이 겨우 작년인데 이제 무얼 또 '새롭게' 하려나 싶었다.

"날개, 집을 고칠 때가 아니어요. 지금은 새 마스터플랜을 짜야 할 때입니다. 야구에서 1번부터 9번까지 한 바퀴 돌아가는 걸 타자

일순이라고 하는데 대학교는 4학년제니까 이제 일순이 된 겁니다. 이번에 첫 입학생이 졸업을 한 것이니 그 경험을 토대로 새 판을 짜야 합니다. 여기저기 퍼져 있는 안집, 두성집, 날개집, 문예림, 이상집을 합치고 그 본부를 이상집으로 하세요. 그래야 스승과 함께 있다는 든든함이 배우미들에게 생깁니다. 그리고 그런 계획을 추진할 그룹을 짜세요. 그럼, 만수무강 하세……"

"무회가 해요, 그걸."

긴 이야기를 짧은 한마디로 주저앉히는 날개식 호미걸이 화법에 걸린 것이다. 그의 또다른 특기는 새로운 일 저지르기. 그것은 현재 하고 있는 일이 얼마큼 진행되었는지와 무관하다. 그러다보니 파티PaTI의 스승들은 진행중인 일도 많지만 그것을 끝마쳤다 하더라도, 아니 마치기 전에 이미 삼십다섯 개쯤의 할 일이 준비되어 있고 오십 개쯤의 또다른 할 일이 날개의 머리에서 잉태되는 설국열차와 같은 곳에서 산다. 그런데도 그들이 기적처럼 살아 있는 건, 주어진 것들이 일이라고 생각하지를 않거나 그것이 일인 줄도 몰라서다. 하긴 알면 뭐하나. 그걸 아는 나 또한 제 발로 찾아와 스스로 올무를 채우는걸.

"무회, 이번 이상집 멋지음design을 맡아줘요, 시공까지."

"날개, 설계만 할게요."

분명 내가 한 말이다. 그런데도 마치 녹음된 자신의 목소리를 기계로 듣는 듯 어색했던 것은 집수리를 시작한 이후 처음으로 해본 말이어서다.

"내가 지을 수 없다면 설계를 할 수 없습니다"라며 일곱 번의 겨울과 여덟 번의 여름을 집수리하며 사는 동안 내가 설계한 집은 남의 손에 맡기지 않았고, 내가 지을 수 없던 집은 설계를 맡지 않았다. 이유는, 설계를 마치면 감리라는 방식을 통해서만 집에 관여할 수 있는 기존 건축 시스템에 한계를 느꼈기 때문이다. 그런 방식이 만들어진 이유를 이해하지 못하는 것은 아니다. 하지만 자식을 낳고서도 안거나 돌보지 못하고 보모를 통해 자식을 키울 수밖에 없는 것도 답답한데 급기야는 보모를 만나거나 간섭하는 자격조차도 옆 동네에서 제비뽑기로 뽑힌 사람에게 맡겨짐으로써 친부모는 자식이 다 클 때까지 아예 개입할 수 없게 한 지금의 제도는, 규격화된 아파트에서라면 몰라도 낡고 오래된 집을 구석구석 살펴가며 매만지듯 만들어야 하는 집수리에서는 가능하지 않다고 생각해서였다. '내가 낳은 자식은 누구보다도 내가 키워야 한다'는 것이다. 그날 날개가 설계와 시공을 모두 맡아달라고 한 것은 그런 생각에 대한 수긍이었기에 고맙게 받아들일 일이었지만, 희한하게도 이제야말로 원래 있던 자리도 돌아갈 때라는 신호로 들렸다. '집을 짓는 사람'이 아니라 '어떤 집을, 어떻게 지을까 생각하는 사람'인 건축가로 돌아가라는 반심이 든 것인데, 이것을 지금 당장 말하지 않는다면, 그런 생각을 들게 한 사람에게 기어코 말하지 않는다면, 또다시 일곱 번의 겨울과 여덟 번의 여름을 '지금처럼' 보낼지도 모른다는 생각이 들었다.

학교의 이름 파티PaTI는 'Paju Typography Institute'의 축약어인데 '파티처럼 신나는 학교'라는 의미도 내포하고 있다. 물론 공부도 가끔한다.

밥상: 어휴~ 일 학년 때 수업이 너무 많아요.

무회: 그건 좋은 걸 많이 먹이려는 어미의 마음이 아닐까?

밥상: 그래도 너무 멕여요……

무회: 배움은 탈이 없으니 일단 많이 먹어둬라. 소화는 천천히 시키고.

특히 매주 나무날 열리는 연찬研鑽은 맛있고도 풍성하다. '파티 같은 작은 학교에서 어떻게……'라는 마음이 들다가도 '파티같이 작은 학교이므로……'로 마음이 바뀌며 날개의 생각이 만져진다.

"몸집이 크면 날래지 못하지요. 부자유스럽습니다. 파티는 유연합니다. 할 수 있는 일이 많습니다. 그것은 파티가 작은 학교이기 때문입니다."

파티가 있는 파주출판단지는 국내외 저명한 건축가들이 일정한 블록을 맡아 설계를 했다. 땅 주인의 뜻에 따라 개별적으로 설계될 경우 도시 전체가 산만한 모습으로 변하는 것을 막기 위함이다. 그러다보니 블록 별로는 건물이 비슷하지만 그것이 모인 전체는 다양한 질서를 갖는다. 그중 한 구역을 건축가 김인철이 맡았는데 그의 건물들 역시 비슷하면서도 서로 다르다. 한 사람의 건축가였지만 생각은 흐르는 강물 같아서 칼로 베인 속살처럼 설계 때마다 당시의 가치관이 현실 속에 프린트된 것이 건축이기 때문이다. 그런 의미에서 한 블록에 지어진 건물은 해당 건축가의 역사인 셈인데 보통의 흐름에서 비껴난 건물이 파티의 본부인 이상집이다. 이 집이 설계될 당시 건축가의 제안은 ㄱ, ㄴ, ㄷ, ㄹ 등 한글 도형을 이용해 디자인하자는 것이었다. 타이포그래피 학교인 점을 감안하면 고려될 만한 아이디어였으나 받아들여지지 않았다. 건축가는 건축이 중심이 되길 바랐지만 파티는 그것을 사용할 자신들이 중심이 되길 바랐고, 그저 건축가의 아이디어를 받아들이는 것이 아니라 자신들 아이디어를 건축가가 디자인해주길 바랐던 것이다. 건축가는 그 뜻을 받아들여 건축이 기능할 수 있는 최소를 설계했다. 평상시 그였다면 용납할 수 없던 미완의 허용이며, 허용된 미완이었다. 그다웠고 파티다웠다.

밥상 : 아빠는 제가 이 학교 다니는 걸 반대는 안 했지만 찬성도 않으셨어요. 꼭 그래서는 아니지만 학비랑 생활비는 제가 벌어요. 전 디자인을 잘 못해요. 그래서 공간 멋짓기를 하려고 해요.

명색이 디자인 학교를 다니는 학생인데 디자인을 못한다는 말을 그녀처럼 아무렇지도 않게 당당하게 말하는 것은 결코 아무렇지 않은 일이 아니다. 그런데도 창피해하거나 감추기는커녕 묻지 않았

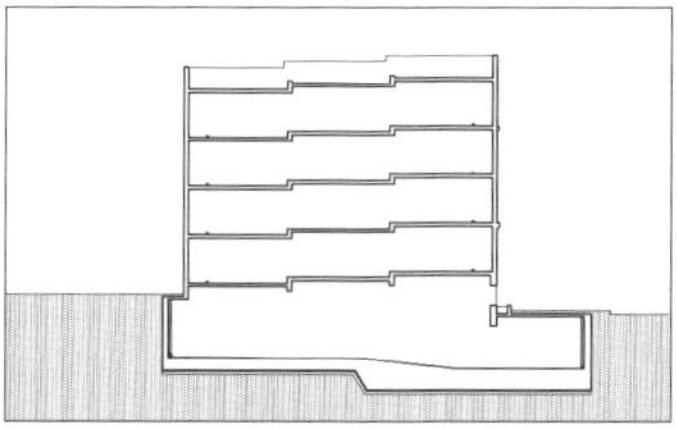

이상집 단면도와 이상의 「오감도」

이상집 교실은 바닥이 평평한 보통 학교와 달리 여덟 평쯤의 작은 공간이 일정한 높이로 퍼즐처럼 맞물리며 회전하듯 옥상까지 이어진다. 물론 옥상에 가기 위한 교실은 아니며 교실이 옥상 가는 길이거나, 그 끄트머리가 옥상은 더욱 아니다. 어느 곳이 덜 특별하거나 어느 곳만이 특히 특별하지 않은 이유로 모두가 특별한 그곳은 절정이 없는 사정 같고, 규칙이 없는 강제 같고, 뻔하되 허무하지 않던 이상李箱과 닮은 집이며, 이상異常을 담은 집이며, 이상理想스런 집이다.

다면 오히려 서운해할 얼굴로 이렇게 말하는 듯했다.

"(화사한 얼굴로) 와이 낫Why not?"

파티는 그런 사람들의 소굴이다. 삶의 핸들을 스스로 꺾은 사람들로 득실대는.

뿌리

이상집의 표본이 된 건물은 토레 데 다비드Torre de David다. 베네수엘라 카라카스에 있는 45층 건물로 금융위기로 인해 건설이 중단되면서 미완인 상태로 남았다가 빈민들에 의해 점거되면서 700가구 이상이 모여 사는 주거시설로 변모했다. 토레 데 다비드에서 파티가 닮고자 했던 것은 건물의 외형과 기능이 아니라 상황과 처지에 따라 쓸모를 정하는 주체적 태도였다. 이것은 건축을 목적화하려는 건축가의 의지와 상반되는 것이기도 하다. 토레 데 다비드가 중단된 건물에서 쓸모를 구축했다면 파티는 건축가 김인철이 설계한 이상집을 형形으로 삼아 그들의 태態를 축조한 것이다. 그 일의 중심에는 뿌리가 있었다.

뿌리는 파티의 스승인 김건태의 별명이다. 날개, 윤슬, 한솔, 하얀, 모루, 미르, 가람, 두루미, 시금치, 수비온, 산노을, 심지, 연지, 시내…… 파티에서는 서로를 그렇게 부른다. 처음에 들었을 땐 '주먹 쥐고 일어서' 같은 인디언식 이름처럼 낯설었으나 점점 편해졌고 나중에는 '미키' '밥상' '입술' 등 이름을 붙여주는 사람이 되었다. 미키는 자줏빛 입술이 할리우드 배우 미키 루크와 닮아서 송재엽에게 붙인 것이고 '밥상'은 윤재희를 처음 만나던 날, '산'이라는 친구가 그녀의 밥상을 고쳐주러 집에 온다며 저녁도 안 먹을 듯 법석을 떨더니 제 음식은 물론 옆 친구 것까지 먹어치우며 "밥상은 언제든 고칠 수 있다!"고 변심했던 '시금치'의 새로운 별명이다. 이것의 좋은 점은 '김건태 교수님'이 아니라 '뿌리'라고 부르면 이름과 직급이 생략되면서 호칭에 묻어 있던 심리적 위계가 사라지고 상대의 인격만이 본질처럼 남는다는 것이다. 또다른 특별함은 이념을 담을 수 있음이다. '시금치'나 '두루미'로 이름 지으면서 독수리나 하이에나로 보여지길 바라지는 않는다는 것이다.

우리말로.쓰고.우리말로.생각하자는.것입니다.어떤.말을.쓰냐에.따라.생각은.달라집니다.반드시.우리말로.해야.우리.것이.됩니다.우리말로.옮기려.애쓰는.데서.남의.것을.참으로.알고.속에서.내.것이.자라고.밝아집니다.말도.디자인입니다.

_날개

그러므로 배우미가 교장선생님을 '날개'라고 반말하듯 부른다면 그것은 버릇이 없어서가 아니라 스승의 이념을 기리는 것이 된다.

"그럼 무회가 설계하고 뿌리가 시공하면 되겠네요."

날개는 나와 뿌리를 그렇게 설계했다. 내가 개념을 만들면 그는 방법을 만들었고, 내가 일을 저지르면 그는 완성했고, 내가 말하면 그는 실천했고, 나는 뚱뚱했다면 그는 홀쭉했고, 내가 걸었다면 그는 운전했고, 내가 먹었다면 그는 먹였고, 나는 맛있다고 표현할 때 그는 어린 손자의 오줌을 누이려는 할머니의 소리처럼, 물질 마친

뿌리와 미키는 사제지간으로 만나 지금은 함께 일하는 사이다.
"파티의 스승은 권위적이지 않습니다.
파티의 스승은 배우미의 '좋은 길동무'가 되고자 합니다." _날개

해녀의 가쁜 숨비소리처럼.

"쉬이……"

뿌리를 내리듯.

#1

"뿌리, 저기다 긴 창을 냅시다. 복도가 좀 어두워요."

곧 닥칠 입학식을 앞두고 공사가 늦어져 집에도 못 가고 난롯가에서 새우잠을 자는 사람에게, 벽체를 부수자는 말을 마치 주머니에서 물건을 꺼내듯 하는 사람이 있다면, 그리고 그 벽체만이 유일한 해답이라며 스스로 경탄해 마지않던 당사자가 페인트도 마르지 않은 하루 만에 변덕을 떤다면 대개의 사람들은 어떻게 반응할까.

뿌리는 코로 말한다. 코주름의 윤곽을 팽팽하게 벌름이는데 그 정도가 그때그때 다르다. 어이가 없을 때는 잠깐 동안 콧구멍을 확장했다가 회복하지만, 조금 더 어이없으면 구멍의 둘레와 언저리까지 동시에 움찔댄다. 그러다 화가 나면 항복점에 도달한 울대가 인내의 침을 목젖 뒤로 넘기며 날 선 코의 끄트머리도 같은 방향으로 휘어진다. 물론 말수도 줄고 공연히 사방을 서성이며 시선을 여러 곳에 둔다. 그건 아마 감정의 동요를 숨기려는 것이 아니라 삭지 않은 감정을 상대에게 전하고 싶지 않기 때문일 것이다. 그런데 만약 상대의 요구가 곤란하긴 하지만 항복점에 도달한 울대가 인내의 침을 목젖 뒤로 넘기며 날 선 코의 끄트머리도 같은 방향으로 휘어진

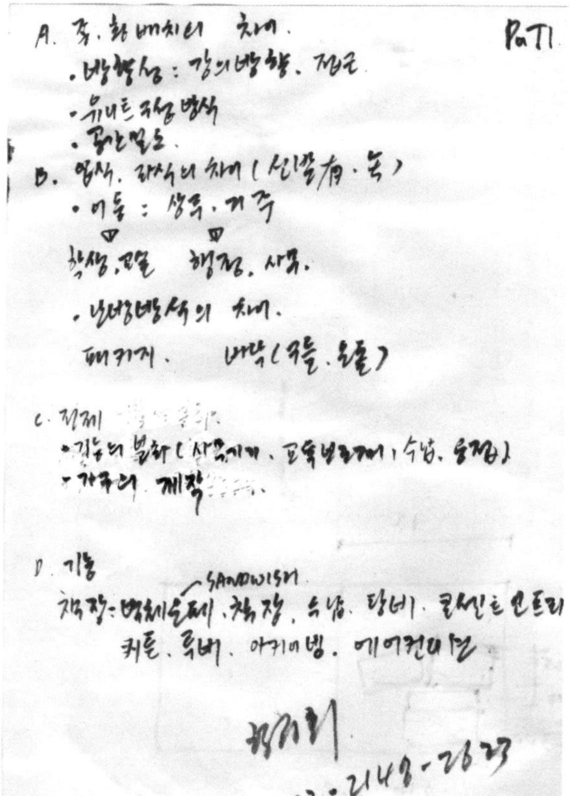
A. 종·횡 배치의 차이.
PaTI
·방향성: 강의방향, 접근
·유니트 구성 방식
·공간밀도.
B. 입식, 좌식의 차이 (신발有·無)
·이동: 상층, 거주
학생, 교실
행정, 사무.
·냉난방방식의 차이.
패키지.
바닥(구들, 온돌)
C. 정체
·가구의 제작
D. 기능
SANDWICH
커튼, 루버,
에어컨디션

설계 노트

이후에라도 좋은 결과를 가져올 수도 있겠다는 확신이 생겼다면, 그땐 어떨까? 역시 코로 말한다. 좀 다른 것 하나는 눈이 함께 반응한다는 것으로, 마치 이런 때를 위해 만들어진 듯한 얇은 눈꺼풀은 초승달의 선분보다 더 가늘게 눈자위의 변두리로 말리면서 경직된 울대와 날 선 콧방울과 휘어진 콧대도 함께 풀어진다.

#2

뿌리는 본래 가구 디자인을 공부한 사람이다. 파티에서 학생들을 가르치는 스승인 동시에 '노네임노샵'이라는 디자인 회사를 운영하는 그가 파티의 모든 공간과 가구를 동시에 총괄할 수 있었던 건 가구와 건축의 공통점 때문이다. 건축가인 르코르뷔지에, 알바 알토, 발터 그로피우스 등도 가구를 디자인했듯이, 둘 다 입체적인 일이고 목재, 유리, 철 등 사용되는 재료도 비슷하고, 다루는 방식에도 공통점이 많다. 그렇다고 가구를 전공한 모두가 건축을 잘할 수 있다거나 건축을 공부한 모두가 가구를 잘 디자인한다는 말은 아니다. 더 많은 경우는 같은 듯 다른 유사함 때문에 오히려 혼동한다. 그러지 않으려면 서로 간의 차이와 사이를 공연히 오갈 수 있어야 하는데 뿌리가 그랬다. 가구를 만들 듯 건축을 했고 건축을 하듯 가구를 만들었으므로 가구 같은 건축이었고 건축 같은 가구를 만들 수 있던 거다. 그런 능력과 경력이 있는데도 뿌리는 날개가 설계한 역할 이상을 하지 않았다. 집주인 행세를 하지 않았고, 묻기 전에는 제안하지 않았으며, 요구받기 전에는 평가하지 않았다. 다만 괴롭혔다.

"못으로 박을까요? 나사로 박을까요.?"

"나사로요."

"살살 박을까요? 세게 박을까요?"

"적당히……"

"그럼 그걸 도면으로 그려주세요."

"그냥…… 하면 안 될까요?"

"그럼요."

처음에 뿌리는 기본 스케치만 있으면 배우미들과 설계를 완성하겠다고 했다. 하지만 어느새 물 보충이 가능한 보일러 케이스 설계도면, 에어컨 가리개, 물 보충시 물을 흘리는 통로 설계도면까지 요구하더니 '이건 좀 심한 거 아닌가?'라는 눈치를 주자 내가 좋아하는 생선국숫집을 데려갔다. 이제야 말귀를 알아듣는구나 싶어 흐뭇했는데 음식을 주문하는 척하더니 또다시 문손잡이와 문고리는 어떻게 할지, 철판 용접을 옆으로 꺾어야 할지, 뒤집어 꺾어야 할지, 돌려서 꺾어야 할지를 확인한 후 내 눈꼬리가 천장에 달라붙은 것을 확인한 후에야 음식을 먹였다. 그 무자비함은 집이 완성되고 이사를 마친 이후까지 자행되었다.

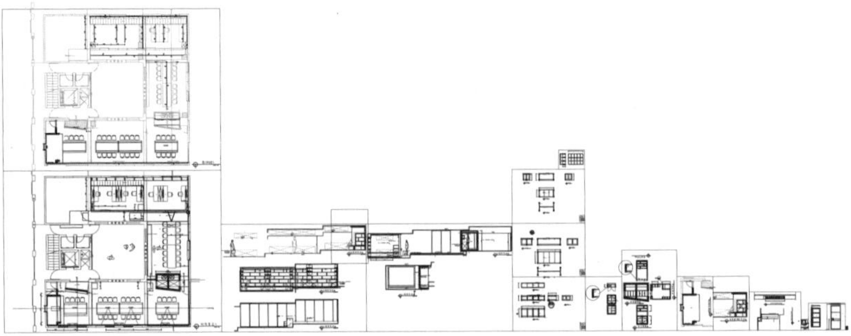

"무회, 하얀이 행정실의 도난을 걱정합니다. 무어로 할까요? 미닫이로? 미서기로? 빗장으로? 번호키로? 문턱에? 계단 턱에? 나무에 붙여서? 얼마를 띄우죠? 설계도면으로 그려서 줄 거죠?"

집수리업자로 전향 후 처음으로 타인에게 짓는 것을 맡길 수 있었던 건 뿌리 덕분이다. 날개가 그런 생각을 갖게 했다면 뿌리는 증명을 했다. 처음엔 습성처럼 몸이 움찔거리고 용접봉과 망치로 향하려는 마음이 들기도 했지만 점차 자리를 찾았고, 뿌리가 놓친 부분들을 챙기거나 거듦으로써 그를 집 짓기에 더 매진하게 할 수 있었고, 그 덕에 난 설계의 전체를 다시 점검하면서 현장과의 차이를 발견하고 아이디어를 발전시킬 수가 있었다. 그것이 본래 건축가의 모습이었고, 결국 내가 돌아가려던 자리였는데 뿌리가 다리를 놓아준 것이다. 내친 김에 그를 한번 꼬여보기로 했다.

"뿌리. 나랑 집수리나 합시다. 파티에 계속 있다간 정녕코 살아남지 못할 거예요. 아니 죽어봤자 날개는 '어라? 할 일이 남았는데……' 할걸요?"

"지금 하던 거만 다 해놓고요."

지금 하던 거만? 택도 없는 이야기다.

정 반장

파티에서 사용될 시멘트 벽돌의 분량은 삼사 일만 쌓으면 될 정도의 소량이었다. 그래서 정 반장을 부르기 어려웠고 그래서 오히려 눈에 잘 띄었으므로 더욱 그가 필요했다. 그러나 그는 바빴기에 그를 대신할 딱부리를 보내달라고 부탁을 했다. 그러고서도 불안했다. 오산에서 파주까지 대중교통을 이용해서 오려면 여러 번을 갈아타야 했고 출판단지에 도착해서도 파티 건물을 찾기가 어려워서다. 현장에 도착했을 즈음 전화를 걸어 확인했다.

"딱부리 반장님, 멀고 먼 파주까지 오셨네요."

"그럼요, 사장님이 오라는데 와야죠, 네네네."

"근데 좀 목소리가 이상하시네요……? 작년에 반장님네 텃밭에 심은 게 미나리예요 아님 상추예요? 저 먹으라고 보내주신 거 말이죠."

"그게…… 죄송합니다. 사실 저는 딱부리가 아니라 아몬드입니다."

전화로 인사하면 내가 모를까봐 아몬드가 딱부리의 흉내를 낸 것이다. 마음이 급해진 나는 딱부리에게 연락했다.

"딱부리, 오랜만이에요. 예진이네 집에서 똥 눈다고 집에 가셨었는데 아직도 누나요?"

"그땐 죄송했습니다, 박사님."

"근데 목소리가 이상하시네요?"

"진짜 딱부리 맞습니다. 어제 아몬드가 쫓겨왔다는 소문을 들었습니다. 저는 지금 진짜 아픕니다. 꼼짝도 못해요. 설 연휴 동안 며칠 쉬고 벽돌 쌓으러 나갈게요."

그나마 잘된 일이긴 했지만 뿌리의 말이 걸렸다.

"제가 이번 일정에서 설 연휴를 계산 못했어요."

입학식을 앞두고 시작된 학교의 공사였는데 계획에 차질이 생긴 것이다. 설 연휴를 어떻게 보내느냐가 중요해졌다.

"정 반장님, 설 연휴 동안 일 나오세요."

"네. 근데…… 부탁이 있습니다. 설날 하루만 놀게요. 세배는 받아야죠."

오랜만에 만난 그는 어깨와 허리가 아파서 벌침을 맞는다고 했다. 신경통은 허리와 팔을 많이 사용하는 조적공들의 고질적 직업병이다. 벽돌이 웬만큼 쌓여 서서 일할 때는 그나마 괜찮지만 바닥 부분을 쌓을 땐 오금을 펴지 못해 애를 먹는다. 더군다나 덩치가 커서 쪼그리고 앉기가 힘든데 그렇다고 다른 사람에게 그 일을 맡길 수가 없다. 처음에 벽돌 자리를 잘 잡아야 윗부분이 제대로 되기 때문이다.

"울산 일은 어땠나요?"

"어휴 말도 마십시오 거기. 돈 내기(자기가 하루 동안 쌓은 실적만큼 돈을 받아가는 도급식에 대한 그들의 표현. 총알택시를 연상하면 된다) 다보니 위아래 상황 볼 것도 없이 그냥 쌓는 거예요. 그건 일도 아니에요. 사람도 죽어나고 집도 죽어나고요."

"하루에 몇 장이나 쌓나요?"

"뭐 어떤 놈은 삼천 장을 쌓았다고 하고 어떤 놈은 이천 장, 초보는 천오백 장 정도 쌓죠. 한 장 쌓는데 백팔십 원 정도입니다(내 현장에서는 삼백 장 정도를 쌓는다)."

"와 그거 괜찮네요. 삼천 장이면 오십사만 원이네요. 보통 하루 일당이 이십오만 원인 데 비해 몇 곱절 아닌가요? 힘은 들겠지만."

"에휴~ 그걸 다 주나요. 처음에 먹는 놈이 백팔십이고 그다음 먹는 놈이 백오십, 그리고 나중에 우리 손까지 오면 백이십 혹은 백 그래요. 그러다보면 하루 일당 겨우 넘어가죠. 그런데 그게 말이 아닙니다. 사람들이 돈에 환장하다보니 일하면서 말도 안 하고 벽돌만 쌓고요. 어떤 놈은 밥도 안 먹어요. 미친듯이 그것만 쌓는 거예요. 그렇게 맛이 들리면 사람이 오래 일을 못해요. 그런 사람 주위에 많이 봤어요. 아침, 이시잖아요 아몬드. 그 형님이 젊어서 돈 내기로 유명했어요. 돈도 좀 만졌고. 그런데 지금 보세요. 벽돌 못 쌓는다고 후배들에게 구박이나 받고. 제가 아니면 어디서 부르는 데도 없어요."

작은 일이다보니 며칠 후면 다른 곳으로 떠날 것이다. 곧 다시 만나겠지만 그래도 서운하다. 아침마다 여러 인부들을 한꺼번에 모아놓고 행진곡에 맞추어 보건체조 안 시키는 현장으로 갔으면 좋겠다. 중간에 막걸리 마신다고 눈을 부라리는 감독자가 없는 곳으로 가면 좋겠고, 체격과 목청과는 달리 섬세해서, 복잡한 계산을 순식간에 처리하지 않으면 안 되는 벽돌 쌓기에 투입되었을 때 행복해한다는 것을 알 만한 사람을 만나면 좋겠고, 한 달에 한 번 조적공들 친목계가 있는데 그가 리더이므로 그날만은 평소보다 한두 시간 일찍 나와서 벽돌을 쌓고 한 시간 빠른 네시 정도 퇴근을 한다고 해도 눈감아주는 사람을 만나면 좋겠고, 그를 향하여 "어이~ 거기"라거나 "여봐, 정씨!"라고 부르는 현장으로 가지 않았으면 좋겠다.

잡철 김 사장

수리하는 사람

새로 만난 사람과 일하는 것은 참 어렵다. 그래서 팀을 짜서 끼리끼리만 일을 하는 것인데 이번처럼 기술자를 직접 고용하지 않고 건축주가 선택한 사람을 상내할 때 실계자의 권한은 미약하다.

"김근태여라우."

"김근태?"

"야. 옛날 남영동에서 고문당한 사람요. 여기 실장님도 김건태(뿌리)인데 이름이 비슷헝게로 헷갈리지 마쇼잉."

그가 웃을 때 보이는 치아는 박아 넣은 의치처럼 유난히 하얗다. 반면 얼굴은 용접의 열기에 그을리고도 모자라 쇳가루를 섞은 올리브오일을 바른 듯 번들거렸다.

"아따. 그냥 한 선으로 그리면 안 돼야요? 뭐 땀시 고로코롬 쇠

두께를 두 선을 그려야 한다요? 다 알아들었응게로 한 선으로 그리쇼잉."

서로 의견이 맞지 않아도 반드시 소통을 이루어야 할 때, 한 사람은 그림으로, 상대는 손짓으로 이야기할 때, 한 사람은 '땜빵' '빠찌' '지저불고' '기야기'란 은어를 쓰고 상대는 '복원' '캔틸레버' '용접' '표시'라는 말을 사용할 때, 상황이 이런데도 커피숍의 옆자리에서는 터번을 쓴 인도 사람이 커피를 마시거나 빵을 먹고 심지어 귤을 까먹기 전에도 타자기 소리 같은 영어로 식전기도를 올릴 때, 지독한 전라도 사투리가 그토록 자극적일 줄은 예전엔 미처 몰랐다. 오랜 시간이 흘러도 나의 설명 방식이 바뀔 징조가 없자, 아예 천장을 바라보거나 입을 가리지 않는 하품을 하며 대답했다.

"안다고 치죠잉."

그나마 안심했던 것은 그에게 설계도면을 전해주었다는 것이다. 만약 그가 천장을 바라보느라 물건이 잘못 만들어졌다고 하더라도 순전히 그의 잘못이므로(?) 다시 제작할 수 있는 근거가 있기 때문이다. 며칠 후 김 사장은 책상, 책장을 잔뜩 실은 차를 끌고 현장에 왔다. 여전히 치아는 희고, 여전히 얼굴은 쇳가루로 번들거렸고, 눈알은 여전히 덜 익은 솔방울마냥 금세라도 왈칵 쏟아질 것 같음에도 불구하고 약간의 찌푸림만으로도 일꾼들을 기민하게 만드는 재주가 있었다.

"어쭈……"

더 놀라운 건 작업의 결과다. 현장에서의 실측은 생각보다 어려운 게 줄자를 댈 때 중력이 작용되서 수평을 유지하기 어렵고, 수직을 잴 때도 끝부분은 자를 꺾어서 측정할 수밖에 없어서 그 오차를 감안하기 어렵다. 그런데도 그가 제작해온 각 부분의 철제들이 귀신같이 맞아떨어졌고 "안다고 치죠잉"이라며 건성으로 대답했던 가구들도 모두 맞았다.

"나가 쇳밥을 먹은 지 사십 년 넘었당게요. 어째 맘에 쪼가 드쇼잉?"

"뭐…… 괜찮네, 험."

따지고 보면, 그가 웃을 때 보이는 치아가 의치처럼 하야면 어떤가. 얼굴은 용접의 열기에 그을리고도 모자라 쇳가루가 섞인 올리브오일을 바른 듯 번들거리면 어떤가. 눈알은 여전히 덜 익은 솔방울마냥 금세라도 왈칵 쏟아질 것 같으면 또 어떤가. 일만 잘하면, 미운 맘이 사라지면.

창숙 아줌마

수리하는 사람

"아줌마. 내 성격 알죠? 급하지 않으면 전화 안 하는 거."

"잘 알죠 너무."

"언제부터 일할 수 있냐고 안 묻는 기 알죠?"

"잘 알죠…… 너무."

"그럼 내일 봐요. 주소는 문자로 보낼게."

"잠깐, 잠깐…… 잠깐. 내일? 그건 안 돼. 제발 살려줘요. 그리고 인제는 집수리 안 한다고 했잖아?"

"아줌마, 나에게 인제는 페인트칠 다시는 안 한다는 말 몇 번 했죠?"

"수도 없이 했죠 뭐."

"그럼 나에게 집수리 안 한다는 말 몇 번 들었죠?"

"수도 없이 들었죠 뭐."

"이번에도 그래. 약간 다른 것이 있다면 요번엔 내가 돈 안 줘요. 난 설계만 해요."

"그동안 집만 지었잖아. 설계도 할 줄 알아요?"

"나원 참."

'김교수네 집수리'부터 함께 일한 아주머니다. 그동안 딸 둘도 시집보냈다. 아무도 묻지 않았지만 회계사 사위가 있음을 만날 때마다 처음처럼 얘기했고, 천오백 명 뽑는 외국인 회사에 단 한 명 뽑힌 게 바로 아들이란 것을 오밤중 문자로 내게 알렸고, 운전면허 시험을 단 한 번에 패스하곤 바로 차를 뽑은 후 일 년 안에 사고가 나면 보험료가 올라간다며 단 한 번도 안 타고 주차장에 모시고 살았고, 자기네 집을 지을 때는 자신의 특기를 살려 외벽도, 내벽도, 싱크대도, 대문도, 책상도, 부뚜막도, 문지방도, 발톱과 손톱에도 페인트를 칠했고, 아무도 없는 어두운 구석으로 나를 밀치고는 "듣는 사람 없으니 하는 말이어요. 사장님 이런 식으로 일하면 백 프로 밑져요. 빠데(퍼티) 그만하고 이제 페인트칠해요. 예?"라고 속삭였던 아주머니다.

"근데…… 나 속인 거 있어요."

"두 번 시집간 거?"

"아니……"

"남편 바람난 거?"

"아니……"

"날 마음에 품었던 거?"

"아니. 실은 마음이 너무 불편해요. 사장님과 일할 땐 내가 십팔(일당 십팔만 원) 받았잖아. 여기서 내가 얼마 불렀는지 알아?"

"얼마나."

"이십."

"……잘했어요. 대신 일이나 잘해요. 못하면 찔른다."

이만 원을 더 부르고 마음 불편해서 견디지 못하는 사람. 붓질도 그런 사람처럼 한다.

수리수리
집수리

태의 수리 · 수리본능

집수리 전

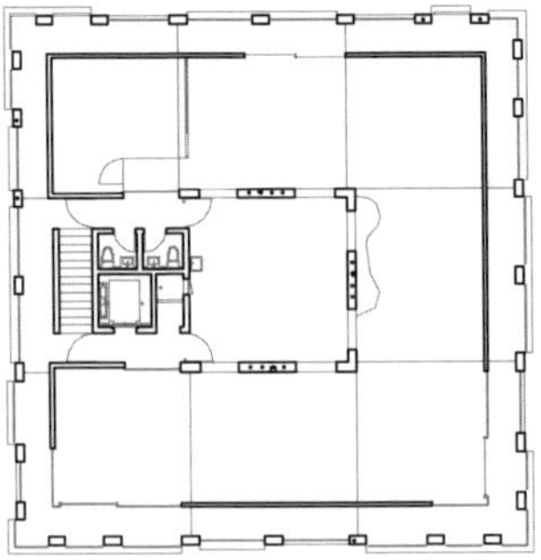

철거

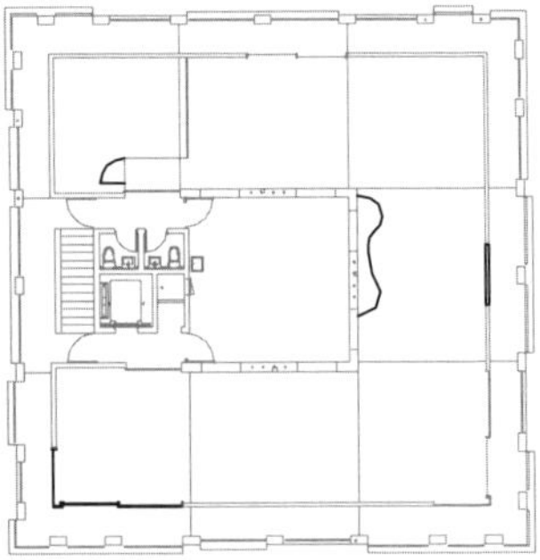

1 이도방 **2** 다석방 **3** 강의실 **4** 탕비실 **5** 자료실

수리

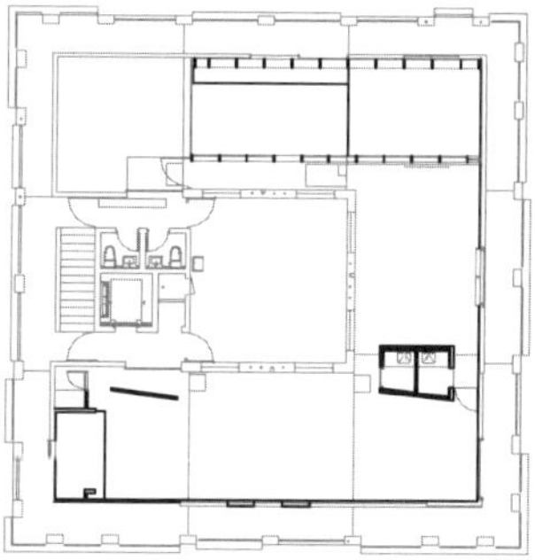

집수리 후

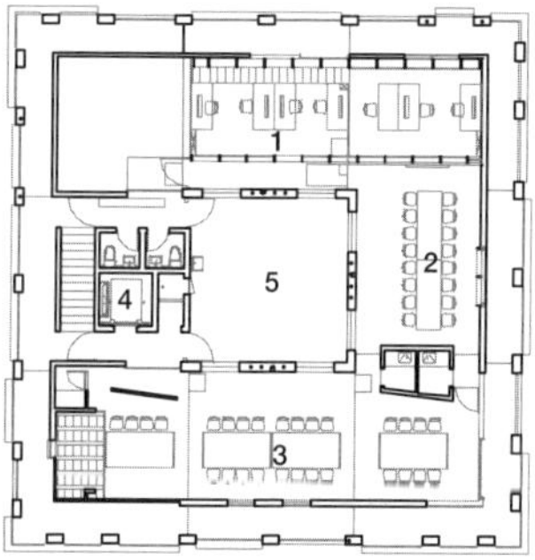

태(態)의 수리

"날개. 이 집을 지배하는 힘의 속성은 원심력입니다. 층이 거듭될수록 가속되다 가고자 하는 이유와 장소를 잊게 합니다. 그 회전력은 집을 힘있게 만들고 많은 에너지를 생산했지만 이제는 이 집이 유목의 끝임을 알려줘야 해요. 자신이 있는 곳이 어느 장소로 향하는 길이 아니라 향함의 끝임을 느끼게 해야 합니다. 길이 아닌 집임을요."

건축가 김인철이 건물의 틀形을 완성했다면 파티는 그것의 쓸모를 정하고態 공간의 일부를 나에게 맡긴 것이다.

형과 태

이상집에서 내가 맡은 곳은 이상집의 2층으로 네모난 건물의 세 변에 해당했다. 당시는 이미 배우미와 스승들이 만든 벽난로가 있는 강의실로 사용했는데 고정적인 시설이라기보다 상황에 따라 다목적으로 쓰다 맡겨진 것이다.

다석방

네 명 혹은 다섯 명의 디자이너가 사용하는 공간으로 주요 기능은 사무와 출판된 서적을 아카이브 하는 것이었다. 이곳에 적용된 중요한 개념은 선형으로 이어지는 계단식 공간의 원심력을 공간적으로 차단하여 정주적 성격을 갖게 하자는 것이었다. 이에 따라 디자이너의 개별성이 강조되도록 철제 책장을 규칙적으로 천장

에 고정하여 몸을 이동하지 않고도 자료를 찾을 수 있게 했다. 반면 아카이브는 벽면을 따라 선형을 유지하면서 건물이 가진 애초의 흐름을 따라 이동하면서 주목되도록 했다. 정주와 이동을 구분한 것이다.

"무회. 난 저 샌드위치 판넬 좀 없으면 좋겠어요."

"없애지 말고 이용을 하죠."

날개가 못마땅해하는 샌드위치 판넬을 철거하는 대신 책장으로 감추고 책으로 덮었다. 수리란 기존의 것이 방해되지 않게 하거나 그것을 이롭게 하는 행위이다.

이도방

이도는 파티가 스승으로 삼는 세종의 이름으로 공간의 중요성을 상징한다. 이곳이 강의실과 다석방 사이에 있는 것은 서로가 분리되면서도 연결이 돼야 한다는 의미로 그 사이에 벽돌로 만든 탕비실이 그 역할을 하게 했다. 이 또한 흐름을 중시한 건축 개념을 위배하는 일이었고 원심성에 저항하는 일이었다. 건축이 아닌 집이 되어야 한다는 생각에서다.

강의실

교실 속에 작은 집을 지어 아이들이 놀게 하자니 날개는 두 번을 반응했다.

"무회의 생각에 반대하는 것이 아니고 고정적인 시설을 배치했을 때 공간의 융통성을 염려하는 것입니다."

"그렇게 해요. 이건 당신의 시그니처입니다."

가끔 뿌리에게 묻는다.

"그 공간을 학생들이 쓰나요?"

"아주 죽칩니다."

그런 말을 들으면 기분이 좋다.

이곳의 조적, 온돌, 마루, 찬장은 파티의 노마드적 성향을
정주적 개념으로 수리하는 데 사용된 도구들이다.

수리본능修理本能

그날 난 약속이 있었다. 게다가 운전도 못할뿐더러 전철을 타면 그 갑갑함을 견디지 못해 빈자리가 있어도 앉지 않고 전철 안에 붙은 광고 속의 글자를 낱낱이 세고, 셋 혹은 다섯 글자씩으로 묶어서 다시 세다가, 목적한 역에 도착할 때까지 첫 칸과 마지막 칸 사이를 왕복하길 거듭하는 사람인데도 명륜동에서 마을버스를 타고 혜화역에서 전철로 갈아타선 합정역에 내려 이미 길게 늘어선 버스 대기 줄의 끄트머리에 서서 동교동 로터리와 한강 다리를 횡단 하는 칼바람을 고스란히 맞을 즈음 당도하는 2200번 광역버스를 타고 파주의 출판단지까지 가는 이유는 그 멀고 지루한 길임에도 불구하고 돌아올 때면 무언가 가득 채워지는 푸짐한 기분 때문인데 이제 볼 일을 마쳤으니 명륜동으로 돌아가면 된다. 그런데 저건 또 무엇인가? 처연한 국방색 귀때기를 늘어뜨린 채 이상집 앞에 서 있는 저 구루마는. 전시 때문에 대만에 가 있는 날개에게 문자를 날렸다.

—날개, 저 흉측한 놈을 옥상에 올려서 쇠꼬챙이에 꿰어 공중에 띄운 뒤 사방으로 늘어진 휘장을 펼치면 온종일 펄럭이며 배우미들에게 그늘을 만들어줄 수 있다는 생각을 했습니다. 하늘을 날으는 상여요.

—(엄지척). 아, 멋진 생각입니다. 뿌리와 얘기해서 바로 실행을. ㅎ

이번엔 날개가 엮인 것이다. ㅍㅍㅍ.

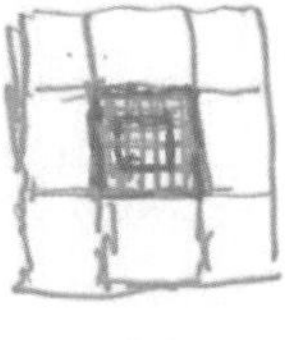

예고편

두꺼비집
집 수 리

2 0 1 9

집수리 가는 길

"아저씨. 부암동 갑니다."

"후암동요?

"부~암동요."

"후~암동요?"

"아니. 부자 할 때 부……! 부부젤라의 부! 암! 도~옹요!"

"알죠. 남산 밑에 있는 동네……"

현장이 부암동 근처다보니 새벽마다 반복되는 일이다. 택시기사들의 청력에 문제가 있나 싶어 동네 이름을 바꿔 불러도 봤다.

"후~! 암동 갑니다."

"네. 후암동으로 모시겠습니다."

발음 탓이려니 싶어 입술을 뾰족히 모으고 사근하게도, 갈라진 목소리 때문인가 싶어 좁고 가늘게도 말해봤지만 결과는 마찬가지였다. 안 되겠다 싶어 '부암동'을 빼고 장소를 묘사해봤다.

"아저씨 청와대 지나 검문소 위로 가지 말고 자하문 터널을 통과하면 오른쪽의 세검정 쪽으로 올라가다 다리를 건너기 전에 우측으로 꺾자마다 오뎅집이 나오는데요……"

"그냥 가면서 알려주세요."

요샌 택시를 기다리는 동안 입술이 자동으로 움직인다.

"부부부…… 부암, 부~암……"

그렇게 택시를 기다리며 발음 연습을 하던 어느 날 귀인이 나타났다.

"손님, 부암동 가시죠?"

"아니 어떻게 그걸……"

"머리가 하야니까 멀리서도 대번 표가 나요. 접때 제 차 탄 거 기억 안 나요? 지는 성대 후문 옆에서 원룸 하고요, 순창농고 나왔고요, 마누라가 요기 목욕탕 앞에서 추어탕집 하고요. 기억 안 나요? 마누라는 친구 동생인데 하모니카로 꼬셨고…… 기억 안 나요? 맨날 부암동 외치며 택시 기다리지 말고 전화를 하면 집 앞까지 모시러 가겠다고 명함도 드렸고. 기억 안 나요? ……괜히 나이 먹고 되도 않는 운전면허 따는 거보다 택시 타는 게 싸게 멕힌다고…… 아직도 기억 안 나요?"

"맞다."

이후론 여섯시만 되면 카톡이 온다.

"시방 올라갑니다요."

그리고 아저씨의 이야기를 들으며 출근을 한다.

"제가 어디까지 이야기 했는지, 기억 안 나요?"

"하모니카로 불 수 있는 곡이 〈고향의 봄〉밖에 없느냐고 아주머니로부터 핀잔 듣고 고고춤을 배우기 시작한 거까지요."

"맞다."

도반道伴

그의 택시는 부암동을 거쳐 집수리 현장이 가까운 연립주택 주차장까지 데려다준다. 현장은 동네의 끝과 북한산 자락이 만나는 경계의 끝에 있다. 그 길과 등산로가 맞닿는 작은 계단은 북한산의 보현봉과 향로봉을 잇는 능선이 한눈이 들어오는 곳인데 매일같이 그곳에서 책을 읽는 남자가 있었다. 그는 위스키 향이 나는 파이프 담배를 피우면서 책을 읽었는데 담배를 다 피우고 나면 책이 담긴 책보를 가슴에 보듬고는 어디론가 사라졌다. 매일 아침 그 옆을 지나면서도 인사를 건네지 않았던 것은 독서를 방해하고 싶지 않기도 했지만, 그가 사람을 마주쳐도 시선을 피하는 것이 타인이 간섭할 만한 접점을 적게함으로써 의식의 중심이 자신으로부터 벗어나지 않게 하려 한다는 짐작에서다. 그날은 내 가방에 살구가 가득했다.

"살구 하나 드시죠. 우리집 살구인데 맛은 별로지만 마음 놓고 드셔도 되는 깨끗한 친구들입니다."

"아…… 네, 감사합니다."

"근데…… 가슴에 품고 계신 책은 어떤……"

"네, 『인류 문화사』란 책입니다. 헌데 잘못 골랐습니다 책을. 저는 담배를 피우기 위해 책을 읽지, 책을 읽기 위해 담배를 피우지 않거든요. 그러려면 시가 딱 좋습니다. 한 편씩 딱딱 끊어지니까요. 헌데 이 책은 이야기가 너무 깁니다."

"책을 읽으면서 담배를 피우는 게 아니라, 담배를 피우기 위해 책을 읽는다…… 그럼 담배를 피우지 않을 땐 책을 안 읽으시나요?"

"네."

"헌데 '인류 문화사'란 제목이 좀 희한하네요. 문화를 살피는 인류학 책인지 인류학을 문화적으로 본 것인지 제목만 봐서는 잘 짐작이 안 됩니다."

"저도 그 궁금증 때문에 이 책을 집어들었다가 이렇게 낭패를 본 겁니다. 물론 재미있는 부분도 있습니다. 이 책의 저자가 아프리카에서 오랫동안 살다가 다른 곳으로 떠나며 감사의 표시로 인근에서 가장 큰 소를 마을 주민들에게 선물했답니다. 그런데 동네에 이상한 소문이 돌지 뭡니까. '기왕 소를 잡으려면 먹을 만한 걸 잡든지, 어린 암소를 잡았어야지 다 늙어 껍데기만 남아 뼈나 곯여 먹을 늙은 소를 잡는 건 뭐냐'는 등의 푸념 말이죠. 그런 소리를 들으니 속이 상했는데 나중에 알고 보니 그게 아니더랍니다."

"그럼……"

"소뿐 아니라 생선도 큰 것을 잡아 가면 '먹을 만한 생선을 잡아야지……' 그렇게 투덜대고."

"선물을 싫어하는 족속인가요?"

"선물한 사람이 교만해지지 않게 하려는 배려랍니다. 아끼고 존중하는 사람일수록 더요."

그러곤 담배지갑에서 연초를 꺼내 정갈히 쟁인 후 불을 붙였다.

이발사들

"제가 지금은 담배를 피우지 않습니다만 예전에는 무척 좋아했습니다. 그래서 자기 전에도 '아침에 일어나면 담배를 피워야지' 생각했고, 밥을 먹으면서도 '다 먹으면 담배를 피워야지' 했던 것처럼 술을 마시면서도 '이 잔을 비우면 담배를 피워야지' 하는 식으로 술을 마시며 담배를 피우는 게 아니라 담배를 피우려고 술을 마시는 정도였습니다. 선생님의 책처럼요. 심지어는 비행기를 타면서도 '내리자마자 담배를 피워야지' 생각하고 도착지의 활주로에서 담뱃불을 당겼다가 난리를 치른 적도 있습니다. 그후 어느 날부터 담배를 입에 댄 적이 없습니다만 담배를 끊은 것을 후회한 적이 있긴 합니다."

"끊은 것을 후회하다니요……"

"금연에 성공하고 얼마 후 한 친구가 앞서 걸으며 파이프 담배 연기를 내뿜었는데 그 향이 너무 좋아 '이 담배를 한 번 피우고 금연할걸……' 후회했습니다. 경험상 차와 술처럼 향과 맛이 일치하지 않을 경우가 많은데 담배 또한 그럴 수 있다고 생각했지만 그걸 확인하려면 담배를 다시 피워야 비로소 알게 됩니다. 혹시 선생님께서 지금 피우시는 담배가 멋진 향처럼 맛 또한 그리 기막힌가요?"

"맛은 향만 못합니다. 그나저나 선생은 머리가 어찌 그리 하얗고 긴가요? 부럽습니다. 오늘 선생의 머리를 보니 그놈의 이발사부터 바꿔야겠구나 싶군요."

"아니 왜 이발사를……"

"저에겐 아주 오래 다니는 이발소가 있는데 그 사람이 보통이 아니에요. 모르는 것이 없어요. 특히 수석과 역사에 아주 정통합니다. 가끔 영조와 정조를 뒤집어 말하지만 그냥 둡니다. 특히 역사에 대한 그의 해석은 놀랍습니다. 물론 이발사라고 머리만 깎는 것은 아닙니다만. 근데 이 사람이 나만 기다리는 사람 같아요. 머리를 얼마나 오래 자르는지. 약 한 시간 정도 자릅니다. 아주 쪼금씩요. 왜냐하면 하고 싶은 말이 많으니까. 그러다보면 머리가 지금처럼 고등학생맹키로 짧아지는 겁니다. 제가 모자를 쓴 이유가 다 있습니다. 선생 머리를 보니 그 이발사가 야속하네요."

"이발쟁이들이 문제군요. 제게도 샤갈 장이라는 미용사가 있는데요. 그 사람을 만난 후 평생 처음으로 이발하는 동안 마음을 놓습니다. 그때까진 맘에 드는 미용사를 만나지 못했었거든요. 하는 수없이 한 십 년 이상을 스스로 깎고 다녔습니다."

"스스로 머리를 깎다니…… 그게 됩니까? 가위에 안 찔리나요?"

"찔리죠. 베이고. 그래도 미용사에게 머리를 들이밀고 있는 불안보단 그게 맘 편해요. 거울을 통해 머리를 보다보니 꼭 반대로 가위가 가는데, 제삼자가 되어 뒤에서 내 머리를 본다고 최면을 걸면 숙달이 됩니다. 근데 이 사람은 그간 만난 미용사와 다른 겁니다. 일단 건방집니다. 영국의 비달사순 출신이라서 그런지는 몰라도 어떻게 깎을지 묻지도 않고 보자마자 가위를 들이대고 깎기 시작합니다. 왜 보통 어디를, 어떻게, 얼마나…… 묻잖아요? 차근하게 설명하고 충분히 이해했다 싶은 후에도 엉뚱하게 깎기 일쑤인데 그자는 묻지조차 않는다는 겁니다. 따졌죠. 그랬더니 '혹시 불안해서 그러십니까? 잘못 깎아봤자 다시 자랄 머릴 가지고 뭘……' 이러더군요. 그러며 하는 말이 '선생님 머리는 옆머리와 윗머리가 자라는 속도가 달라서 머리의 완성을 현재에 맞추면 처음엔 깔끔해 보여도 금방 엉성해집니다. 특히 옆머리가 빨리 자라서 윗머리가 제대로 자리잡기 전에 솟구쳐 나와 전체 틀을 주도하는 데다 뒷머리는 양 갈래머리에 구부러진 곱슬이어서 전체 모양을 조절하는 게 어려운데 그걸 재촉하면 대개의 미용사는 면도날을 이용하여 양 갈래를 밀어낼 겁니다. 그래 봐야 이틀이면 다시 솟아올라 더 흉한데 그래도 어쩝니까. 윗머리가 길어 양 갈래의 중앙을 덮을 때까지 기다릴 수밖에 없는 거죠. 이것을 조화롭게 하려면 자라는 속도+자르는 길이+자르는 타이밍을 잘 맞춰야 하는데 그 셋의 관계를 아는 게 중요합니다. 보통 머리카락과 주인의 성질머리가 같다고 합니다만.' 그러더라구요."

"그래서요."

"그후론 한 십 년 넘게 그자에게만 깎습니다."

"누군지 궁금하군요."

"그 역시 한 시간 이상을 깎습니다. 중간에 화장실도 가고."

"그렇게 오래 깎는데도 어떻게 머리가 이리 깁니까그래. 상황은 저와 비슷한데 결과가 이토록 다르니."

"대신 그는 머리를 조금 깎습니다. 한 번에 세 가닥 이상은 안 잡아요. 그걸 그냥 자르는 게 아니라 시계 방향으로 배배 꼽니다. 그런 후 한 번에 싹둑 자르는 게 아니라 가위를 바짝 세워 두루미 주둥이처럼 만든 후 가위의 끝으로 모이를 쪼듯 찔끔찔끔 자르는 겁니다."

"(무릎을 치며) 아하!"

그러는 사이 좁은 산길을 지나는 행인을 피해 일어서고 앉기를 반복했다.

"근데 그자 또한 모르는 게 없습니다. 얼마 전에 머리카락으로 퇴비를 만들었다고 자랑을 하더라고요. 사람이 죽고 나서 무덤에서도 머리카락이 자라는 것을 보고 연구를 했다고 합니다. 머리카락은 소각을 해도 지독한 냄새 때문에 비용이 많이 들어 다들 골치 아파하는데 그걸 모아 퇴비로 만드는 겁니다. 머리카락의 기본 성분은 아미노산인데 이게 스스로 분해를 못한답니다. 그것을 분해하는 것이 탄소인데 그 분해 능력은 지구를 살구만한 크기로 만든답니다.

탄소가 화학주기율표에선 Z라고 주장하는데 그건 아까 그 이발사처럼 영조와 정조를 바꾸는 정도니 제가 시비를 안 겁니다. 근데 그 퇴비를 골프장에 뿌렸더니 농약을 안 줘도 병충해가 없더랍니다. 농약을 안 뿌리니 아랫동네 사람들의 원성도 적고, 타이어도,

골퍼 신발의 밑창도 농약에 닿지 않으니 오래가고요. 그걸 좀 주길래 우리집 살구나무에 줬더니 일단 낙과가 없어요. 물과 희석 비율이 1대1000이다보니 물조루 한 통에 두세 방울이면 충분합니다. 예전 같으면 장마 전에 바람이 불면 살구가 많이 떨어지는데 그게 없고 살구가 열리고서도 이파리들이 팽팽합니다. 이파리는 보통 살구를 딸 때까지는 풀죽어 있거든요. 모든 양분을 살구에 공급하다 보니요. 번데기가 그 잎을 돌돌 말아서 새끼를 낳고요. 그런데 잎이 팽팽해서 멍석처럼 말리지 않으니 벌레도 없는 거죠. 살구가 실하고 단 건 말할 것도 없고요."

"그렇다면 오늘 제가 먹은 세 개의 살구가 머리카락 아미노산 먹은 살구군요. 탄소로 분해한. 근데 선생은 무슨 일을 하는 사람인가요?"

"집수리업자입니다."

두꺼비집

“근데 선생께서 수리하는 저 집은 이 동네에서도 유독 낡은 집입니다. 어찌 그런 집을 수리하게 되셨는지요?”

“한 쌀구 년 집을 수리하다보니 이제 어느 집이든 수리할 수 있을 것 같다는 생각이 들더군요. 건물을 보면 그 속이 보이거든요. 뼈도 보이고 핏줄도 보입니다. 그러다보니 좀 지루해졌어요. 그러던 중 어떤 이가 매물로 나온 지 오래되었는데도 아무도 사지 않는 집이 있다고 하더군요. 집 장사들도 고개를 젓는다는. 저는 그 말이 확 땡기더군요. 모두가 포기한 환자를 만난 의사 같은. 당장 보러갔죠. 역시 사람들이 그 집을 사지 않는 이유들로 가득했습니다. 작고 낡은데다 낮은 구릉 끄트머리여서 지붕도 마당도 온통 내려다보여서 동네 사람들이 업신여기는 그런 집이었는데 그 집을 살리고 싶은 마음이 들었습니다. 다르게 말하면 그 집이 아니라 그 집에서 업신여김을 받는 삶을 수리하고 싶었습니다. 그런데 그 집에 사는 사람들은 그걸 원치 않았어요. 오히려 그 집을 떠나고 싶어했어요. 사람뿐 아니라 집도 마찬가지였습니다. 살고 싶어하지 않는 노인처럼 자신을 그대로 죽게 놔두라는 거예요. 아니다. 그러지 말라고. 살 수 있다고…… 암만 말해도 그러고 싶지 않다는 겁니다. 심지어 귀찮게 굴지 말라는 겁니다. 예전에 봤던 영화가 생각났습니다. 생텍쥐페리의 『인간의 대지』를 영화화한 건데 안데스산맥에서 추락한 사람들이 얼어 죽어가고 옆에 있는 사람들은 그들을 잠에서 깨우기 위해 흔들어도 정작 당사자들은 귀찮아해요. 살아나봤자 기다리는 것은 굶주림과 추위밖에 없으니 죽음으로써 영원한 안식을 하려는데 그것을 훼방하는 사람이 얼마나 미웠겠어요."

"그럼 그 집을 샀습니까?"

"산 거나 마찬가지입니다."

"마찬가지는 또 뭡니까?"

"그기…… 전 돈이 없어요. 가진 건 볼 줄 아는 눈과 만들어낼 수 있는 생각뿐이거든요. 헌데 돈은 있고, 볼 줄은 모르지만 내가 수리하면 좋아질 수 있다는 믿음을 가진 사람들이 몇 있어요. 그들을 만나 나에 대한 믿음을 보여달라고 했죠. '믿음은 바라는 것의 실상이요, 보지 못하는 것의 증거라' 하며."

"『히브리서』 11장 1절 말씀. Now faith is the substance of

things hoped for, the evidence of things not seen. 히브리어로는……"

"신, 신…… 신부님이세요?"

"신부나 마찬가집니다만…… 기왕 성경 이야기가 나왔으니 짧게 한마디만 하겠습니다. Two things I ask of you, Lord; do not refuse me before I die: Keep falsehood and lies far from me; give me neither poverty nor riches, but give me only my daily bread. Otherwise, I may have too much and disown you and say, 'Who is the Lord?' Or I may become poor and steal, and so dishonor the name of my God. O God, I beg two favors from you; let me have them before I die. First, help me never to tell a lie. Second, give me neither poverty nor riches! Give me just enough to satisfy my needs. For if I grow rich, I may deny you and say, "Who is the Lord?" And if I am too poor, I may steal and thus insult God's holy name."

"시시…… 시방 영어로 성경을 외워버리신 거?"

"예. 제가 좋아하는 『잠언』 말씀입니다. '내가 두 가지 일을 주께 구하였사오니 내가 죽기 전에 내게 거절하지 마시옵소서. 곧 헛된 것과 거짓말을 내게서 멀리 하옵시며 나를 가난하게도 마옵시고 부하게도 마옵시고 오직 필요한 양식으로 나를 먹이시옵소서. 혹 내가 배불러서 하나님을 모른다, 여호와가 누구냐 할까 하오며

혹 내가 가난하여 도둑질하고 내 하나님의 이름을 욕되게 할까 두려워함이나이다.'"

"협박이네 완전. 달라는 게 아니라 안 주면 안 된다는 건데, 상대가 자신의 요구를 안 들어줄 수 없다는 걸 잘 아는 자의 태도군요. 전능하고 전지하고 무흠한 아버지 빽을 믿는 버릇없는 독생자의 말씀인가요? 듣고 보니 인품이 안 좋군요."

"『잠언』을 이리 해석하는 분은 첨입니다. 따지는 예수, 버릇없는 예수라…… 헌데 이것은 이스라엘의 현자 아굴의 기도입니다만. 아 참 아까 이야기를 계속하죠. 『인간의 대지』 그 부분부터……"

"네, 처음 저 집을 방문한 날 할머니가 나오시더라고요. 몇 년 동안 햇볕을 못 보신 분처럼 눈부셔 하면서 방안에서 나오셨어요. 문틈 사이로 사기로 만든 요강이 보이고, 할아버지 영정 사진, '안 되면 되게 하라'라는 배지, 가족 사진들…… 그분에겐 아들이 있었는데 나이가 오십이 넘었는데도 할머니는 '아가, 아가' 이렇게 불렀어요. 잔금을 치르는 날 부동산까지 할머니가 나오셨어요. 아들이 엄마 손을 집어다 인주를 찍은 후 계약서에 꾹 누르더라고요. 할머니는 아들이 손을 잡으니 영문도 모른 채 좋아하시다가 '이제 집에 가자 아가야' '엄마 인제 거기 우리집 아냐. 인제 나랑 같이 살아야 해. 미아리서' '아니, 얘야 그게 무슨 말이니. 그럼 저 흰머리가 우리 집을 산 거냐? 그럼 느 아부지 사진은 어쩌고, 요강은?' 그걸로 끝이었어요. 집에 가보니 할머니 살림살이, 덮었던 이불, 처마에 매달린 북어대가리, 아들 도시락 싸줬던 찬합…… 다 그대로고요."

"그 집 지붕은 맨날 봤지만 어떤 사람이 사는지는 몰랐어요. 근데 어떻게 고치려고 합니까? 살기 싫어하는 노인을……"

"노인이 살고 싶지 않은 게 아니라 그 집에서, 그러니까 그 상황에서 살기 싫어한다고 생각했어요. 『인간의 대지』에 나오는 그 사람들처럼 추위와 이별하고 싶었던 것이지 삶 자체를 거부한 거는 아니라는 거죠. 그러니까 안데스산맥이 아니라 그들이 살던 자기네 집에 데려다놓는다면 살고 싶은 마음이 들 것이라고 봤어요."

"옳지."

"그것을 방해하는 가장 큰 요인은 무얼까 봤더니 평생 내려다보임을 감수하며 살아온 삶…… 할머니가 밖을 안 나왔던 이유가 사기 요강이 좋아서가 아니라 밖에 나오면 동네 사람들이 위에서 다 내려다보니까…… 지대가 가장 낮은 집이니…… 그 부분을 해결하면 되겠다고 생각했어요."

"그럼 집을 높인다? 못 보게 막는다?"

"아뇨 그럼 너무 어렵거나 너무 쉬우니까, 요강을 박차고 밖에 나와 있어도 타인의 간섭으로부터 독립되는 공간을 만들자는 겁니다."

"밖에 나오면 위에서 다 보인다며……"

"예. 그래서 집 밖이 아니라 집 안에 바깥을 만드는 겁니다."

"집안에 바깥을 만든다?"

"방 한 칸을 통째로 마당으로 만드는 거죠. 마당을 품은 집."

"중정!"

"네…… 그거요. 근데 그것만으로는 부족합니다. 빛이 없으면 어두우니까. 지붕을 뚫어 햇볕을 들어가게 하여 집안 전체를 밝힐 겁니다. 다만 어떤 방법으로 할 것인가를 고민하는데……"

"하는데?"

"놀러 온 친구가 그 말을 듣더니 우주에서 달려온 큰 운석이 중정 위에 떨어졌다고 생각하면 안 되냐고…… 하지만 적당한 크기의 운석이 원하는 자리에 떨어질 리 없으니 우리가 운석 같은 바위를 구해서 지붕에 던지자고……"

"크아~"

'두꺼비집 집수리' 개봉박두

수리수리 집수리 연대기

	율리아네 집수리	김 교수네 집수리	아파트 수리	상도동 집수리	재훈이네 집수리	단팥빵네 집수리	유진이네 집수리
2009	 2009.08~2010.01						
2010							
2011		 2009.11~2011.05	 2010.01~2011.04				
2012				 2011.04~2012.03	 2011.10~2012.09	 2011.08~2012.10	
2013							 2012.07~2013.05
2014							
2015							
2016							
2017							
2018							
2019							

건우네 집수리	제주휫집 집수리	철민이네 집수리	피정의 집수리	예진이네 집수리	이상집 집수리	두꺼비집 집수리	암자 수리
 013.08~2014.12	 2013.11~2014.12	 2014.11~2015.06	 2015.09~2016.02	 2016.05~2017.11	 2018.01~2018.03	 2018.04~2019.06	 2018.04~2019.06

수리수리 집수리
_집을 수리하고 삶을 수리하는 건축가 김재관의 집과 사람 이야기

1판 1쇄 2019년 8월 14일
1판 3쇄 2021년 11월 4일

지은이 김재관
기획 김소영 | 책임편집 박영신
디자인 이효진
마케팅 정민호 양서연 박지영 안남영 | 홍보 김희숙 함유지 김현지 이소정 이미희
제작 강신은 김동욱 임현식 | 제작처 더블비(인쇄) 천광인쇄사(제본)

펴낸곳 (주)문학동네
펴낸이 염현숙
출판등록 1993년 10월 22일 제406-2003-000045호
주소 10881 경기도 파주시 회동길 210
전자우편 editor@munhak.com | 대표전화 031) 955-8888 | 팩스 031) 955-8855
문의전화 031) 955-2655(마케팅) 031) 955-2697(편집)
문학동네카페 http://cafe.naver.com/mhdn | 트위터 @munhakdongne
북클럽문학동네 http://bookclubmunhak.com

ISBN 978-89-546-5745-7 03540

* 이 도서의 국립중앙도서관 출판예정도서목록(CIP)은 서지정보유통지원시스템 홈페이지
(http://seoji.nl.go.kr)와 국가자료공동목록시스템(http://www.nl.go.kr/kolisnet)에서 이용하실 수 있습니다.
(CIP제어번호: CIP2019030503)

www.munhak.com